スペースプログラムが予言する

終末へのカウントダウン

韮澤潤一郎

たま出版

まえがき

このところ、どうも気候がおかしい。猛暑が続いたと思ったら台風が毎週のようにやってくる。小型になっても風がものすごく、雨の降り方も局地的に激しくなり、土砂災害を起こす。全体的に四季のリズムが乱れて、食料の生産が不安定になるほどだ。いままで経験したことのないような気候変動が起きているのである。それはエルニーニョのためだとか温室効果が原因で起きるといわれるが、今後はますます気温が上昇するという説がある一方、寒冷化して氷河期になるという説もあり、はっきりしない。

そして気になるのは地震である。東日本大震災はそんな規模で起きるはずはないと高をくっていたところに発生してしまった。それ以後、火山活動の活発化が進み、西の鳥島が面積を拡大し続けているのをはじめ、各地の火山活動は、登山や観光に支障をきたすほどだ。

こうした時期に合わせて報告されているのが太陽活動の異常である。11年周期といわれる黒点活動が乱れてきていることや、太陽の磁極が4分割になるといった不安定な現象である。何が起きているのであろう。

21世紀になるとこのような変動期に入り、やがて人類は大きな決断を迫られるという予測が存在していた。その予測は宇宙からもたらされていた。

これは一つの局面に向かっているのである。それは、この太陽系が崩壊しつつあるということだ。この危機を地球人類に伝えるためにＵＦＯがわれわれの上空に出現しているということを、有史来の人類の歴史から実証しようとするのが本書の目的である。

この状況をどのようにすればわれわれは生き延びられるか、その方法は２６００年ほど前に描かれており、そのプランが「スペースプログラム」である。つまり、プランを計画したのは、地球に人類を入植させた宇宙人たちということになる。われわれは宇宙からやってきた宇宙人種族の末裔なのだ。


いま地球はプランの最終コーナーにさしかかっており、決着をつける時代なのである。それを切り開くチャンスは人類が月に到達したときだった。

１９６９年７月に、アポロ11号で人類が初めて月に降り立ったとき、そこには3機のＵＦＯから出てきた複数の宇宙人たちが、平服のまま立って出迎えていたのである。アポロが降りた場所は低地で呼吸可能な大気が存在していたのだ。船長のニール・アームストロングは、「船外に出るな」という管制塔の言葉を無視して月面に降り、宇宙人たちと対面し、副操縦士のバス・オルドリンは、その様子をムービーで撮影した。（詳細は本書巻末追補を参照）

アームストロング船長は、この様子を公にできないまま、２０１２年2月に82歳で亡くなってしまった。また、オルドリン飛行士も長い間公の場に姿を見せることなく何も語ろうとしなかった。

船長の死後、情報公開における関係者証言として、「アームストロングは、月面着陸中に何が実際に起こったかを話せば、彼の妻、子ども、孫はすべて死ぬとおどされていた」ことが明らかになっている。

これらＵＦＯにかかわる宇宙開発情報のすべてが隠蔽されてきている実情と、その理由について本書は取り上げたが、驚くべきことに２６００年前の「スペースプログラム」においては、われわれが地球外知的生命体飛来の事実を拒否することが織り込みずみであることがわかる。とはいえ、もはやこれからの時代になにが起きるのかを一人一人が知っておく必要があるだろう。

●「スペースプログラムが予言する終末へのカウントダウン」もくじ●

第二章　史上最大のＵＦＯ出現で目撃者１００万人

第三章　ジュネーブ会議で宇宙開発が始まる

第七章　巨大ＵＦＯはノアの箱舟

第八章　ＵＦＯは「生命の科学」法則で動く

第九章　「終わりの時」に起きること

第一章　核開発でＵＦＯロサンゼルス決戦勃発

●核に対する期待は報われたか

人類が原子力を扱うようになったのは1895年のことである。その年にドイツのレントゲンがエックス線を、そして翌1896年にフランスのベクレルがウランから放出されるα線（放射線）を発見した。

さらに同じ年に、ポーランド出身のキュリー夫妻が放射能と放射性元素を特定したことによって、1903年にキュリー夫妻とベクレルの3名がノーベル物理学賞を受賞する。

この時代は科学による新発見として、レントゲンのように体内を透過するエックス線撮影による診断や、ラドン温泉のような放射線効能など、医学に対する新しい夢のような可能性に沸き立った。

しかし、キュリー夫人の手には放射線被ばくの火傷が出ていたといわれ、こうした放射線障害に対する認識は、1940年ごろからの原爆実験以後になってしまった。

キュリー夫妻がノーベル賞を受賞した2年後の1905年に、アインシュタインが質量とエネルギーの等価性を理論的に証明する$E=mc^2$（エネルギー＝質量×光速度の2乗）で有名な、特殊相対性理論を発表する。

つまり、ここで物質に膨大なエネルギーが含まれるという発想が生まれる。そして物質の根源である原子の変換にそのキーがあると思われ、核分裂が物質からのエネルギー取り出しを実証していくことになる。

しかし、実際にウランの核分裂に最初に気付いたのは、ナチス時代にドイツのベルリンにいた科学者たちだった。

１９３８年のことである。

放射性トリウムの発見者で、カイザー・ヴィルヘルム化学研究所長のオットー・ハーンは、自分がウランに中性子を照射したとき起きた奇妙な変化に気付いて、同僚のユダヤ人科学者に何が起きているのか聞きただした。その結果、核分裂が起きたことが証明されたのである。

しかしこのころ、ナチス・ドイツのユダヤ人に対する抑圧が強まると、ユダヤ系科学者の多くがアメリカやイギリス、北欧などに脱出していった。

とはいえ、ベルリンに残ったドイツ系科学者たちは実験と開発を続け、天然ウランの核分裂で１９４４年にノーベル賞を授与されたのはドイツのオットー・ハーンであった。

●原子爆弾の開発に突入

ヒトラーが第三帝国総統に就任し、日本、ドイツ、イタリアの三国同盟が締結されて、世界が第二次世界大戦に突入していく1939年ごろ、アメリカにいた亡命ユダヤ人物理学者らが、ナチス・ドイツが先に核兵器を保有することに危機感を抱き始めた。

ドイツを出てイギリスに渡ってからアメリカに来ていたユダヤ系物理学者であり分子生物学者でもあったレオ・シラードは、ムッソリーニのユダヤ人に対する迫害でイタリアから亡命してマンハッタンのコロンビア大学にいたエンリコ・フェルミらと共に、前年ドイツで確認されていたウランの核分裂実験に成功し、この現象を1939年3月にアメリカにおいても確認した。

ここまでくると、彼らにはウランの同位体が分離され、連鎖反応が実現すれば、一つの都市を吹き飛ばすような極めて強力な爆弾が出来ることは目に見えていた。しかし、彼らのような亡命科学者の訴えがアメリカで政治的に認められるのはやさしいことではなかった。

そこでシラードは、やはり亡命科学者だったアインシュタインに、大統領あての嘆願書を書くことを依頼する。間もなく、後にアメリカの「水爆の父」といわれ、自身もまた亡命ユダヤ人であった理論物理学者のエドワード・テラーらが加わり、１９３９年10月に有名な「アインシュタイン＝シラードの手紙」がルーズベルト大統領に届けられた。

その手紙には「……ウラン元素が近い将来、新しい重要なエネルギー源となるでしょう……政府当局による迅速な行動を起こす必要があります……極めて強力な新型の爆弾の製造につながるからです……」とある。

翌年の１９４０年６月にアメリカで「ウラン諮問委員会」が立ちあげられ、ヴァネーヴァー・ブッシュの「科学研究開発局」に引き継がれた後、１９４２年６月に原爆実現のための「マンハッタン計画」が開始される。同年12月２日、シカゴ市内に造られた世界最初の原子炉が臨界を記録し、ここで原爆の原料となるプルトニウムの生産が開始された。

●原爆開発に対するＵＦＯのデモンストレーション！

戦況は１９４０年９月に日本、ドイツ、イタリアで三国同盟が締結され、翌１９４１年５月にドイツ軍によるロンドン大空襲が始まる。

同年７月には日本軍が真珠湾攻撃に踏み切ったことによって、８月にアメリカとイギリスが対日宣戦を布告した。

第二次世界大戦への突入である。

このときすでに、原爆開発のための「科学研究開発局」にはアメリカ政府から4万ドルの資金が供与されて、核分裂連鎖反応を加速させるためのウラン235を濃縮する工程に進んでいた。

イギリスも独自に原子爆弾の実現性について詳しい研究を続け、実験によって核爆発に必要なウラン235の臨界質量を正確に見積もることに成功し、真珠湾攻撃が行われた1941年7月に、アメリカに対し原爆の共同開発を提案している。

これによって、理論的にも実験的にも原子爆弾を完成させる見通しが確立された。

時は1941年の末のことである。

「マンハッタン計画」を開始すれば　現実問題として、地球上で原子爆弾が戦争で使われる可能性が濃厚になってくる。

ルーズベルト大統領がこのアメリカ、イギリス、カナダの合同核兵器開発プロジェクトである「マンハッタン計画」を承認するのは1942年10月だが、その半年ほど前、つまり地球で核爆弾の完成が現実のものとなった1942年2月に、歴史上初めてUFOの大船団が宇宙から地球の大都市上空に出現したのである。

ヨーロッパでは、１９４１年の6月にドイツがソ連に対し宣戦を布告したため、8月にソ連軍機によるベルリン空襲が始まっていて、ドイツ軍部が原爆を開発するゆとりは徐々に遠のいていた。

イギリスも１９４０年7月にドイツに宣戦を布告して以来、１９４１年5月までの半年間にドイツ軍機によるロンドン大空襲を受け、国内における核爆弾の開発はおぼつかなくなっていた。

だが、１９４１年12月7日に日本海軍機によるハワイ真珠湾への攻撃を受け、翌8日に対日宣戦を布告したアメリカは、唯一自前で作り上げた原子爆弾を対日戦に使う国になることが決定的になった。

真珠湾攻撃の2カ月後、日本の潜水艦はアメリカ西海岸に到達していて、沿岸の油田施設に攻撃を加えている。

「１９４２年2月23日午後7時、ロサンゼルスの西方１００キロメートルほどに位置するカリフォルニア州の港湾都市サンタバーバラ郊外にあるエルウッド油田施設に対し、大型潜水艦から25・5インチ砲弾の艦砲射撃を25分間加え、軽度の損傷を与えた」

損害額は５００ドルだけだったと当時の「ロサンゼルス・タイム」紙は伝えたが、損害が軽度だったといっても、真珠湾攻撃の例からアメリカ西部地区防衛司令部をはじめ、地域自衛団は戦々恐々とした雰囲気にあり、日本の潜水艦の攻撃があった午後7時18分~10時23分の約3時間の間、モントレーからメキシコ国境のサンディエゴまでの沿岸600キロメートルに警戒警報を出すとともに停電を実施したばかりのときだった。

おそらくはこうした戦況と武器の使用を空から見ていた宇宙人たちには、原爆を使うことによって生じるであろう広島と長崎のような惨状が予想されたに違いない。

彼らは地球に対して非干渉を守って、状況を見守ってきたが、ついに全面戦争に突入し、なおかつ核使用の可能性が出てきたことから、地球崩壊の危機を放置することができなかったのであろう。

日本軍の潜水艦がカリフォルニアの沿岸で艦砲射撃を行った36時間後の1942年2月25日の深夜、アメリカ西部の大都市ロサンゼルス上空にUFO船団が飛来した。

●米軍の攻撃にびくともしない巨大物体

西方の空からロサンゼルスの海岸に近づく複数の正体不明物体に最初に気付いたのは、日本の潜水艦による2日前の油田攻撃被害を調査していたサンタバーバラ管区の西部防衛司令部指揮官ジョン・L・デヴット中将だった。

１９４２年2月25日午前2時前のことである。

西方の太平洋上から近づく物体に対して、待機していた戦闘機にデヴット司令官は出撃命令を出したと思われる。

ここで問題なのは、公的には戦闘機は出撃しなかったとされていることだ。しかし多くの市民の証言はそれに反するものだった。

たとえばこのエリアで２００機もの航空機が民間人によって目撃されたことが、当日の「グレンデール・ニュース・プレス」紙で報道されており、また防衛司令部のスポークスマンが「50機ほどの飛行機が観測された」とも述べている記事がほかにも存在している。

緊急発進した戦闘機が上空で正体不明物体に対して攻撃を開始したのが午前2時1分であったといわれる。

最初、司令部は、おそらくはまだ洋上にあったその正体不明機は、日本の小型艦載機かヘリウム飛行船だと思ったらしい。だから機銃掃射で簡単に撃ち落とせるから、警報を出すまでもなく片付くと考えたのだろう。

ところが出くわした物体はそんなものではなく、プロペラ機からの機関銃掃射など何の効果もない巨大で不可解な飛行物体だった。

「これではとてもかなわない」と西部防衛司令部は判断したのだろう。

午前2時21分、デヴット司令官は「停戦命令」を出し、飛んでいる戦闘機に撤収を命令したという。

だから、ほんの20分で最初の「ロサンゼルスの戦い」は終わったといわれる。

しかし司令部は、飛行物体の正体はわからなくても脅威であることは変わりなく、物体が移動していく先にあるロサンゼルス市内に対し、警報をただちに発令することにしたに違いない。

ロサンゼルス市内に最初の空襲警報のサイレンが鳴り響いたのは、戦闘機に停戦命令が出された4分後の午前2時25分だった。

軍としては「この敵機（?）には、とてもかなわないから退散した」などと弱腰であることを市民に示すわけにはいかないはずである。以後のすべての報告において、公式文書では「一切の軍用機は出撃しなかった」とされている。

しかし、空襲警報のサイレンが鳴りわたり、同時に広域停電が始まった初期の市民の証言の中には、滞空する正体不明物体の目撃とともに、それに攻撃を加えるまだ撤収命令が届いていないと思われる戦闘機の同時目撃が続いていた。

●巨大な未確認物体がハリウッドへ

ロサンゼルス市北西部に位置するハリウッドの映画産業で室内装飾を手掛けていた芸術家のケイティーは、ビバリーヒルズ近くのサンタモニカ近辺に住んでいた。

この時期、日本との開戦に伴って西海岸への空襲の恐れが出ていたため、彼女は市民で構成する空襲監視員に志願していた。

未明のことながら、２月25日午前２時すぎ、けたたましく鳴る電話で彼女は眠りから起こされた。

「ケイティーだね。私は監視機構の監督官だが、いま区域に空襲警報が出された。上空の監視を頼むよ……」

すぐさま、彼女は窓の所へ行って、外を見た。

市街には街灯一つともっておらず、警戒停電で真っ暗だった。

ところが上空を見上げると、そこに驚くべきものがあった。

「巨大です！　まったく巨大です。

それはちょうど私の家の上にあります！

こんなもの今まで見たことがありません。

そこの空中にちょうど浮遊しており、ほとんど移動していません！」

と、彼女は電話に叫んでいた。

それがどんなものだったのかについて、権威ある民間のUFO研究団体NICAP（全米空中現象調査委員会）が、彼女の発言を次のようにレポートしている。

「暗くなった都市の何十万人もの人たちが、壮観で明瞭なその異様な訪問者を目にしました。

それは実に美しい、淡いオレンジ色でした。

だれもが今までに見たこともないほどきれいだと思ったに違いありません。

非常に接近した位置にありましたから、完璧に見ることができました。

それは大きかったのです」

やがてアメリカ陸軍の対空探照灯は、何本ものサーチライトで上空の物体を完全にとらえていくが、その状況について、ケイティーは次のような興味深い証言をしている。

「軍は戦闘機を出撃させました。ですが、やがて戦闘機は方向を変えて引き返していくのを私たちは集団で見ていました。戦闘機は物体に機銃攻撃を仕掛けていましたが、まったく問題になりませんでしたよ！」

アメリカ軍はそうした戦闘機の出動は一切なかったとしているが、彼女はこの目撃証言を断固として主張し続けている。

戦闘機は数分間ほど攻撃を加えたのち、呼び戻されて帰っていったというのである。

それからだいぶたってから高射砲の攻撃が火を噴いた。

「それは独立記念日の花火のようでしたが、まったく正気ではないほどの騒音を発しました。でも、滞空する物体に触れることはできなかったのです」

やがて上空の物体が視野から消えるまで、30分以上にわたって高射砲の攻撃が続けられた。

多くの目撃者がこの様子を話しているが、物体に損壊を与えた様子を語ったものは一つとしてない。

「それがなんと壮大な光景であったかは忘れられません。本当に素晴らしいものでした。そしてまたなんと豪華な色彩だったことでしょう」とケイティーは述懐している。

●対空砲火前の謎の1時間

もしケイティーのような市民の目撃証言がマスコミに流布して認められてしまうと、軍当局はその正体が何であるかを説明しなければならなくなる。

現れた正体不明物体が日本軍なのか、紛れ込んだ国内の民間機なのか、あるいははるか大気圏外からのものであったかなど、この時点で軍が追究することは不可能であろう。

結局、戦闘機の出撃はなかったし、戦時下における神経過敏が招いた誤報だというような発表の仕方をしていた。

当時の実際の状況はどうだったかといえば、空襲警報のサイレンが鳴り響いて、いっせいに停電になったのが午前2時25分だったが、対空砲火が始まったのはそれから51分もあとの午前3時16分である。

何か脅威となる物体が空に見えていたのに、この1時間近い空白は何なのかと、その日の「ロサンゼルス・タイムズ」や「ロングビーチ・プレス・テレグラム」、あるいは「ロングビーチ・インディペンデント」といった各紙が指摘した問題だった。

軍は何かを隠しているのではないかという疑念を多くの人が抱いた。

では、ミステリーとなった1時間ものロスはなぜ生じたのだろう。

おそらくそれは、戦闘機がまだうろついているときにへたに高射砲を打ち上げ、自国の戦闘機を間違って打ち落とすわけにはいかないからだと思われる。

だから出撃させた戦闘機が基地へ帰還するのを確認するために、陸軍砲兵旅団は各砲台基地の探照灯を上空の巨大な正体不明物体に向けて、まわりに飛び交う自国の戦闘機の退去の様子をうかがったのだろう。

正体不明物体が大小複数あって、出撃した戦闘機との区別が困難を極めたのかもしれない。そうした確認のための1時間だったと考えられる。

最初の市民の目撃があった、陸軍第37砲兵旅団に所属するサンタモニカ２０５砲台やイングルウッド65砲台への高射砲攻撃指令が出されたのが、結局探照灯が稼働してから51分も後だったということの理由はそこにあったのだ。

以上の状況は、ケイティーの証言の内容が真実であることを説明している。

●小型ＵＦＯを伴う葉巻型物体！

この日の「ロサンゼルスＵＦＯ事件」の全体像としては、午前2時ごろ西海岸上空に正体不明物体が現れてから、東南約50キロメートルに位置するハンチントンビーチあたりで午前5時ごろ、はるか上空に消えるまで、およそ3時間は物体の目撃が続いたようだ。

一方、対空砲火は、午前3時16分に西部のサンタモニカやビバリーヒルズからの目撃に始まって、東南のハンチントンやロングビーチにまで物体が移動していった午前4時14分までの約1時間のあいだ、断続的に続いていた。

ここで注意すべきことは、砲兵旅団が対空砲火を打ち上げた午前3時16分以降は、アメリカ軍の戦闘機は上空には存在しなかったということであろう。だから、その時間以降に見られた飛行物体は、地球のものでないことになるだろう。それら正体不明物体群は、巨大物体単一ではなく、小型の編隊群があり、しかもその飛行の波は複数回にわたって見られていたようである。

たとえば、ハリウッドに住むラルフ・ブラムによる初期の証言をみてみよう。

「私の父は第一次世界大戦のとき陸軍で気球観測をやっていたこともあって、まず母に幼児だった妹たちを連れて地下室に避難するように言ってから、小学生の私を屋上のバルコニーに連れていきました。

サイレンが鳴り響く中、西の空にサーチライトで浮かび上がった物体を見て驚きました。はじめ私は、日本人がビバリーヒルズを爆撃していると思いました。

サーチライトが上空に向けられたり、西方を精査したりしているのが見えていましたが、早朝の3時を過ぎたころ、サンタモニカとイングルウッドの砲台から強烈な高射砲が盛んに打ち上げられました。

砲弾のいくつかは、探照灯のサーチライトに浮かぶ〝白い葉巻型の物体〟を直撃していましたが、物体はそのまま東の方へ悠然と飛行を続けていきました……」

そして地上からは、「25個以上の銀色に輝くＵＦＯ群」が多くの市民によって目撃されていたという。

後半の目撃では、ロサンゼルス・ヘラルド・イグザミナーの編集者ピーター・ジェンキンスがＵＦＯの編隊を見ている。

「25機の銀色の飛行物体が、Ｖ字型編隊で頭上を横切ってロングビーチの方向に飛行していくのを、私ははっきりと見ました……」

またロングビーチ警察署長Ｊ・Ｈ・マクルランドはシティ・ホールの7階にいて、西から近づいてきた「第2波のもの」だといわれた光体群を見ていた。

「私には見えなかったが、一緒にいた若い署員は、使い慣れた強力なカールツァイス双眼鏡で、サーチライトの中に9個の色彩にいろどられた銀色の飛行物体を見ていた。その（ＵＦＯ）集団はイングルウッドの砲兵隊の探照灯群からサンタアナ砲兵中隊の光の中へと、爆発する高射砲の光熱球をかいくぐって移動していったという……」

目撃報告は多岐にわたっているが、出現した範囲は東京と横浜くらいの距離の海岸線で、2～3時間にわたって、大きな葉巻型物体と銀色の小型光球が、時折滞空しながら、ゆっくり移動するのが見られていた。

それらの物体の速さはせいぜい時速70キロメートルくらいのスピードだったといわれている

が、このようなのろい速度では、地球の戦闘機や飛行機は失速して墜落するはずである。

●写真分析で出てきた物体の大きさ

それにしても、ロサンゼルスの空に出現した「豪華な色彩の巨大な」物体の正体は何だろう。何機もの戦闘機から機銃掃射を受け、地上からは総計1430発ともいわれる12・8ポンド砲の対空砲火を受けながら、何の損傷もなく悠然と飛行し続けた「淡いオレンジ色の巨大物体」。さらに、それを取り巻く多数の小型UFOによる編隊の存在など、けっこう近距離の目撃があったようだが、詳細な構造や明確な大きさにまで言及した証言は残念ながら見当たらない。

だが、ただ1枚、この日の様子を撮影した正真正銘の写真が存在していた。

しかもこの写真は、オリジナルのネガフィルムから焼き付けられた原画としてフランク・ウォレンという人が所持していたもので、普通の印刷物になったものより微妙なコントラストが読み取れる。

この写真をもとに、海軍の兵器研究所にいて光学の専門家でもあったブルース・マカビー教授が分析している。氏は石川県の羽咋《はくい》市で開かれたUFO国際会議でも講演しており、私も聴講したことがあるが、非常に真摯なUFO研究家である。

写真①　ロサンゼルスの巨大UFO原画

写真②　巨大UFOの拡大ネガ　上部の２つの点は高射砲の炸裂光

まず、ポジ写真の構成は、地上の9カ所から探照灯の光のビームが上空の物体に向けて放射されている。

9本のビームの焦点に大きな光体があり、その物体の周り上下に15個ほどの高射砲弾の炸裂光球が存在している。この炸裂光球の写り方から、教授はカメラのシャッタースピードは数秒と遅かったようだと判断している。

砲弾による煙の拡散はさほどなく、全体に夜霧のような薄いガスの存在によるビーム光跡が現れているとしている。

ここで注意しなければならない重要なポイントは、光のビームが物体で止まっているということだという。光はそれより上方にはほとんど出ていないのだ。つまり物体は、光をしっかり遮っている金属のような構造物だろうとする。

カメラの絞りは夜間なのでF2~3だろうとしている。

そのため発光が強めに露光され、ポジ写真では中央部分がわかりにくいので、ネガ写真による分析も行っている。

写真からだけでは物体とカメラの距離を特定できず、大きさが算出できないので、代換え案として、ビーム光の太さを使っている。

教授は兵器研究の資料から、探照灯の直径とビームの拡散角度を知る立場にあり、その数値から物体の大きさを割り出した。

砲台基地などに置かれた探照灯のライト（鏡）の直径は１・５メートル、ビームの拡散角度は１・25度だという。

もし、ライトから物体までの距離が１０００メートルだとすると、物体に届いたライトの直径は約50メートルになるという。ただし、ライトが傾斜して届く場合は、ライトの径はそれより大きくなる。

シグナル・ヒルでの目撃報告には、物体の高度が２７００メートルだったとされているので、もしその高度だとすれば、物体の大きさは１３５メートル以上になる。

ただし、写真で一番太いビームは地平から30度ほどの傾斜がかかっているので、物体が水平であるとすると、物体に届いた光の形は長さ２６０メートルの防水型になる。

だが、それが葉巻型物体の幅だった場合は、物体の長さはその何倍にも達する可能性がある。そうなると「巨大で白い葉巻型」という表現にふさわしいものとなるだろう。

この日にロサンゼルス上空に現れたＵＦＯの大群は、アメリカ合衆国、あるいは連合国に対し、核の使用をけん制する何らかのメッセージを与えたのだろうか。

結局、完成した原爆は広島と長崎に投下され、さらにその後強力な水爆実験へと進んでいく。ＵＦＯの出現はそれに伴ってますますエスカレートしていくのである。

第二章　史上最大のＵＦＯ出現で目撃者１００万人

●原爆実験の続行とUFO時代の幕開け

マンハッタン計画はロサンゼルスUFO事件8カ月後の1942年10月にスタートした。ウラン精製工場やニューメキシコの実験場などに数万人が動員され、最初の原爆実験が成功したのはそれから3年ほどたった1945年7月16日だった。

ドイツはその年の5月7日に無条件降伏してしまっていたので、完成した原爆は日本との戦いに使われることになる。

最初の原爆投下は爆弾完成3カ月後の8月6日の広島であった。

日本が降伏を宣言して第二次世界大戦が終了した後も、大量破壊兵器として各国が注目し、核兵器開発は進められた。

アメリカが最初に実験場としたのは、ニューメキシコ州アラモゴードであったが、そこからわずか150キロメートルほど西南にあるロズウェルにUFO墜落事件が起きたのが終戦2年後の1947年7月である。

その1カ月前には、ワシントン州で高度3000メートルを自家用機で飛行していたケネス・

アーノルドが、編隊で飛ぶ９機の銀色の円盤型物体を目撃し、新聞が「空飛ぶ円盤」として書き立てた。

「ロズウェルのＵＦＯ墜落事件」と「空飛ぶ円盤（フライング・ソーサー）報道」は、近代におけるＵＦＯ時代の幕開けであった。

この華々しい幕開けの翌年、１９４８年1月には空軍機がＵＦＯを追跡して、ケンタッキー州で墜落している。有名な「マンテル大尉事件」である。

巨大な円形物体が多くの市民やゴドマン空軍基地の管制塔などで目撃され、追跡を命じられたムスタング戦闘機は高度６６００メートルで「信じられないが、中に人がいるぞ」というマンテル大尉の交信を最後に消息を絶った。

戦争に核爆弾が実際に使用されたことで、ますます宇宙からの監視が強まっていた時期の、ＵＦＯへの無謀な接近で起きた事故に違いない。

１９４９年にソ連（現ロシア）も核実験に成功し、１９５１年から各国で実験回数が急速に増加していくとともに、水爆が登場して、その威力は原爆の１００倍ほどにもなっていく。宇宙からの地球介入圧力は決定的なものになった。

●水爆開発で地球の中枢に大接近

人類最初のアメリカによる水爆実験が南太平洋で行われた1952年、いよいよUFOによる地球当局への直接的な介入が始まる。

まず宇宙からのターゲットになったのは、この時代の地球の中枢ともいえるアメリカの首都ワシントンであった。

7月14日、首都ワシントンの空域を高度約2600メートルで飛行していたDC－4型軍用機の二人のパイロットが、眼下に階段状編隊で航行する6機の巨大な円盤状物体群を見た。円盤は30メートルほどの直径があり、時速13000キロメートルのスピード（マッハ10：音速の10倍）で移動していたという。そして突然進路を逆転し、反対方向から来た他の2機と連結して、最初の方向へ飛び去った。

この飛行の仕方を慣性の法則から計算すると、少なくとも1000Gの力が生じたはずで、これは人体が耐えられる100倍の力が加わったことになるというのだ。

この日以降、2週間以上にわたって連日のように首都ワシントン上空にUFO群が出現し続けた。出現のピーク時には新聞記者が集められ、軍用機に乗せられてその様子を視察したが、そこで見た事実を報道することは禁じられた。

こうした事件の詳細が明らかになったのは、それから5年もたってからのことである。

それは、権威あるイギリスのＵＦＯ専門雑誌『フライング・ソーサー・レビュー』が１９５７年５・６月号にチャールズ・Ａ・マニー博士の詳細なレポートを掲載したときであった。

博士はその記事で以下のように結論している。


１９５２年の７月14日から８月７日の26日間に起きた首都ワシントン上空における空飛ぶ円盤の集中発生事件は、次の２点において非常に重大である。
①ＵＦＯは明らかに集団で編隊を組み、いわゆる階段状の隊形を示していた。
②それは首都ワシントンの、それも国会議事堂の周りでの異常集中発生であった。このようにアメリカの首都上空に特に現れたということは、その出現が意図されたものであったことは明白である。

●UFOに追いつけない戦闘機

出現ピーク時の記録を博士のレポートから抜粋してみよう。

◆1952年7月16日

午前9時35分　ワシントンの北東大西洋岸。沿岸警備員が太陽光を背にして、4機の輝くUFOがV字編隊で飛行するのを目撃。

◆7月17日

午前3時　コロラド州。アメリカン航空機が4個の環状光体を目撃。速さは時速約4800キロメートル（マッハ4）。

◆7月18日

早朝、議事堂近くのアーリントン上空を7機のオレンジ色の空飛ぶ円盤が通過。

この夜、5機のV字編隊の空飛ぶ円盤をニューヨークの市民多数が目撃。

同夜、フロリダ州のパトリック空軍基地の飛行士は、地表近くを4機の不思議な円盤が飛び回っているのを目撃。

◆7月20日　午前0時40分

土曜日の真夜中すぎ、ワシントン国際空港の管制塔のレーダー室には、副室長ハリー・Ｇ・バーネス以下８人の管制官がいたが、レーダー・スクリーンに突如７機のＵＦＯの映像をとらえた。

最初それらは、直径13キロメートルの空域内にあり、ワシントンの南方約24キロメートルに位置していた。それら未知の物体は肉眼でも見ることができ、レーダーは夜明けまでワシントン上空にとらえ続けた。最初１時間ほどはワシントン区域直径48キロメートルの画面全扇形区域でＵＦＯは飛び回っていた。つまり、それらはホワイトハウスや議事堂のある首都の上空にあったことを意味していた。

物体のスピードは時速１６０～２００キロメートルほど。飛び方は不規則で、夜明け前に、ワシントン郊外のアンドリュース区域で10機になった。だいたい８機がその後常時見えていた。管制官バーネスは「それらはどう見ても回転しており、まったく未知の航空機であった。われわれのレーダーの映像から見て、直角ターンや逆転飛行をしていた。だからレーダー上の映像点は、流星とか妨害電波あるいは雲などの自然現象ではない」と証言している。

◆7月26、27日

ワシントンからポトマック川を横切るところに位置する民間航空管制センターのレーダーに

26日午後8時8分、突如いくつかの未知の物体が映し出された。それらの物体が消滅するまでの4時間、12の正体不明の映像点が現れたと報告される。輝く白い光体が、軍や民間の飛行士によって目撃された。レーダーはさらに、翌27日の日曜日の朝6時まで夜通し物体をとらえ続けた。この26日夜から27日早朝にかけて議事堂上空に4回現れており、ラジオ局CKLWの解説者によれば、4回のいずれもジェット機が追跡していたが、UFOには近づけなかったという。

◆7月27日　午前10時30分

フロリダ州マイアミの南部地区で、5個の色彩を帯びた蒸気のような物体が南へ行くのが目撃された。

同日午後6時35分、元空軍パイロットを含む8人が、カリフォルニアのマンハッタンビーチで、巨大な銀色の航空機がものすごいスピードで通過するのを目撃し、さらに市の上空で南に曲がっていった。それと同時に物体は7個の円形物体に分離し、そのうち3個がV字編隊をつくり、ほかはペアとなり、肩を並べて後に続いた。「それはまるで積み重ねられたコインがスムーズに分けられるような光景だった」という。情報部員に報告したパイロットは「その分離する行動は実に優雅な飛行で、曲がるときも実にスムーズだった」と言い、その数分の飛行の後、北北東に針路をとって消え去った。

同日午後10時15分、ミシガン州バトル・クリークの主婦が、その時刻に縁が青い14個の非常

The Washington Post FINAL

'Saucer' Outran Jet, Pilot Reveals

U.S. Protests Soviet 'Hate' In Aviation Day Posters

Russians Rule Satellites By Torture and Murder

Stevenson And Truman Head 'Big 4'

Eisenhower, Nixon Plan Campaign

Investigation On in Secret After Chase Over Capital

写真③　1952年７月23日付「ワシントン・ポスト」紙　トップページに「円盤は戦闘機の射程内とパイロット騒ぐ」と見出し

に輝く物体を目撃。通路の向かい側に住む住人は家から出たとき、そのうちの一つを見て「まるで巨大な天球のようだ」と言った。

同日、バージニア州ベルノン山の近くで、空軍のジェット機が空飛ぶ円盤を追跡していくのをキーホー少佐が目撃。

◆7月29日

午前1時を数分過ぎたころ、首都ワシントンのレーダー・スクリーンに8個から12個のUFOの機影がとらえられた。それは3時間にわたって続き、国際空港からアンドリュース空軍基地の間16キロメートルに位置していた。これについて同日、空軍当局の記者会見が行われた。

◆8月5日、6日、7日

再び5日夜に首都のワシントン上空にUFOが出現し飛び回った。さらに6日の夜から7日早朝

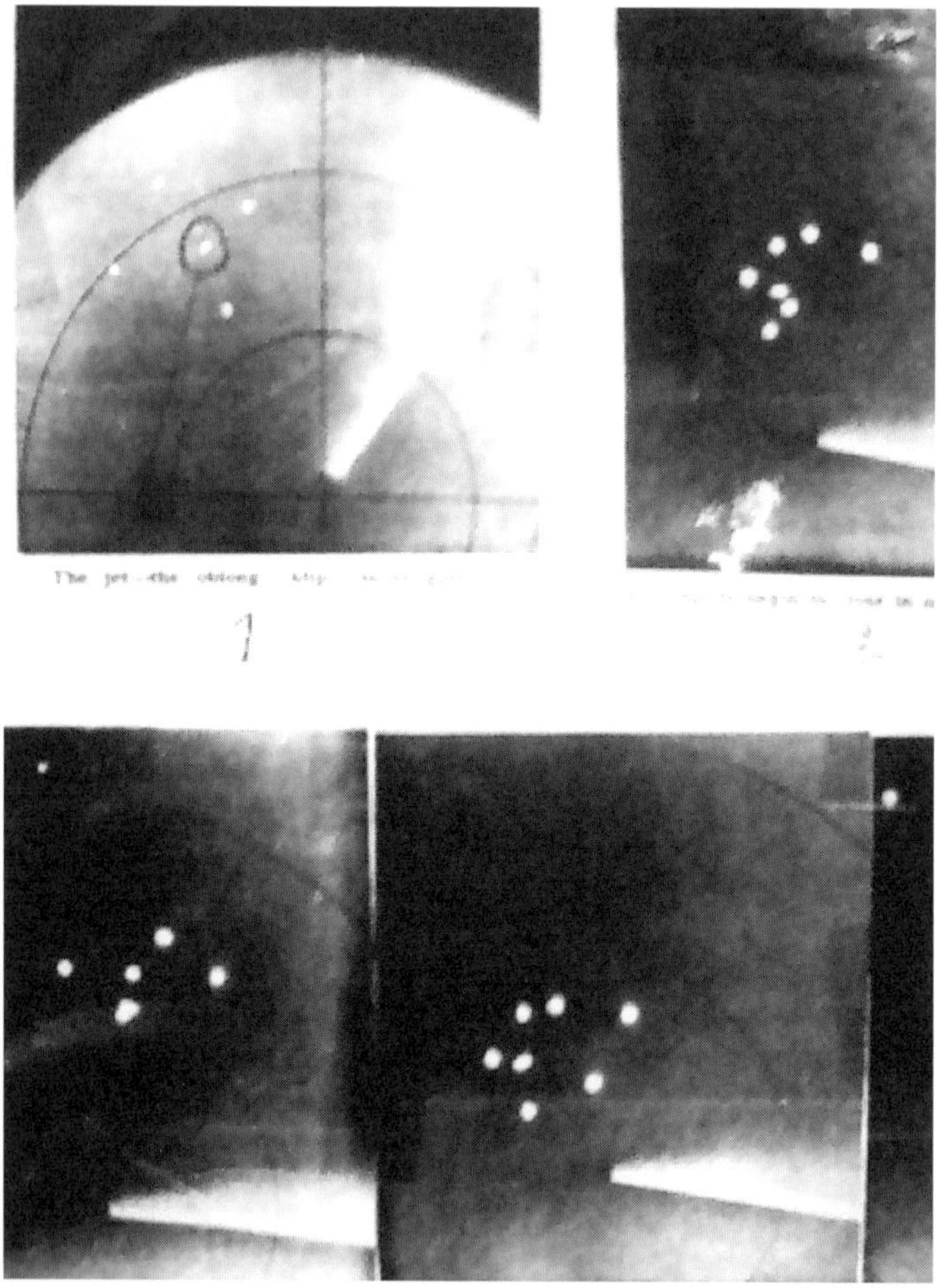

写真④　首都ワシントン上空のレーダー・スクリーン　１機の細長い戦闘機を取り囲む６機の丸いUFO

までレーダーに2機から10機のＵＦＯがとらえられた。

以上の記録を公表したマニー博士の言う「意図的な出現」とは、地球外の知性体による人工的な出現を意味している。その意図するところは、地球という惑星の中枢ともいえるアメリカの首都ワシントン上空へのプレッシャーの対象としての大量破壊兵器の使用に対する警告以外考えられない。

たとえば１９７０年代に開示されたＣＩＡの資料には、同じ年の１９５２年3月29日にベルギー領コンゴ（現コンゴ民主共和国）のウラン鉱山上空に燃えるような円盤2機が目撃されたという報告書がある。エリザベスビル飛行場のピエール司令官は、戦闘機を発進させて追跡し、円盤まで１２０メートルまで迫った。円盤の直径は12〜15メートルで、回転する炎のようなものに包まれていたが本体はアルミのように金属的だったと報告している。15分ほど追跡したあと、円盤はダンガニカ湖の方向に時速１５００キロメートル（音速以上）で飛び去ったという。

このように、核爆弾の原料が産出される場所の様子をＵＦＯが偵察していたということは、宇宙人たちが人類の大量破壊兵器の使用に注目していたことになる。

●地球の裏側に宇宙人が着陸

首都ワシントン上空のＵＦＯ集中発生の最中、１９５２年7月31日、地球の反対側ともいえるスイスのアルプス氷河にＵＦＯが着陸し、宇宙人が現れる事件が発生した。

この日の朝9時ごろ、モングッチという イタリア人の若夫婦がスイスのアルプスで夏スキーを楽しもうと、標高４０４２メートルのベルニーナ山に登っていた。そのとき突如、山頂近くの氷河稜線の向こうからゆっくりと円盤型の飛行物体が上がってきて、斜面上部に静止した。

最初飛行機かと思っていたモングッチ氏だが、何か不気味な気配を感じて岩陰に隠れたという。しばらく静かだったので、勇気を出して50メートルほど登って近づき、物陰に腹ばいになって、持っていた50ミリ望遠レンズ付きのカメラで7枚撮影している。

撮られた写真のうち、5枚は着陸している状態で、そのうちの2枚には出てきた宇宙人像が見られる。あとの2枚は円盤が浮き上がって飛び去る様子が撮られている。宇宙人は最初円盤の縁に現れ、次のショットで手前に回り込んで円盤下部をのぞきこんでいるような姿勢で写っている。

「宇宙人は頭にヘルメットをかぶり、潜水服のような重装備で、右手に懐中電灯のようなものを持っていました。背中にはアンテナの突き出た奇妙な装置を背負い、足にはブーツのようなものをはいて、飛行物体の周囲をゆっくり歩いて、いかにも何か作業している様子でした。そのうち飛行物体の裏側に姿を消しました。しばらくして飛行物体は10メートルほど上昇し、数

写真⑤　スイスのアルプス氷河に着陸したUFOと出てきた宇宙人

秒間浮遊してから無音で飛び去っていきました」とモングッチ氏は言う。

ワシントン上空を飛び回って戦闘機の追跡を受けたとき、支障を起こしたのだろうか。宇宙から来て地球の周りを飛び回っているUFOにとって、北米とヨーロッパ間は大した距離ではないだろう。

●情報操作が入った事件報道

この事件は『エポカ』というイタリアの雑誌が1952年11月号でいち早く正確に発表した。ところがイタリアの一流誌『レイノルド・ニューズ』がすぐに模型を使ったトリックだという記事を出した。このためモングッチ氏は失職し、専門技師の協会からも除名されてしまった。

しかし、日本で開かれた石川県羽咋市の国際UFOシンポジウム出席のために2度も来日し、また「UFO党」設立にも尽力した、元国連本部広報官であったICUFON（国際UFO研究ネットワーク）代表の故コールマン・フォンケビッキー氏は、このイタリアのモングッチ事件を詳細に調査した結果、真実の事件であったことを突き止めている。

このような世間に決定的な衝撃を与えるようなUFO目撃者を抹殺するための情報統制は、その後もずっと続けられることになる。

　というのは、１９５２年9月11日付で、この年のワシントンＵＦＯ事件をふまえてＣＩＡ科学情報部が出した「パニックの危険性を最小限に抑えるため、これらの現象について大衆に伝達すべき内容を国家政策で決定すべきである」という勧告書をアメリカ当局は実行に移していくことになったからである。この政策の実行は同盟ヨーロッパ諸国にも及び、イタリアも例外ではなかった。

　このＣＩＡによる勧告書は、１９７７年4月26日に機密解除された公文書として存在している。(『国際ＵＦＯ公文書類集大成－１』80頁)

　とにかく冒頭から再三述べているように、当局としては大衆のパニックを最も恐れていた。公開された公文書によると、「ＪＡＮＡＰ－１４６」という「ＵＦＯ対策の暗号コード」を使って、１９５２年から陸海空軍に対し、いくつもの参謀本部布告を発令している。いわば国家安全保障政策上の最重要事項として行われたものである。

　ワシントン事件が起き出した１９５２年7月には、なんと「ＵＦＯを砲撃せよ！」というのさえある。この砲撃指令は2年後の「目撃報告司令」発令前には撤回されているようだが、時代の趨勢《すうせい》であった核の大量破壊兵器開発に突入しようとしていた当局には、宇宙からの介入に対応する考慮の余裕はうかがえない。

　なにしろこの１９５２年の11月1日には、アメリカは太平洋上で人類初の水爆実験を行い、

10月3日にはイギリスがオーストラリア海域で原爆実験を開始し、危険性の警告に耳を貸すような状況ではなかった。

これらUFO対策指令や原水爆の核実験は秘密事項として、当時は一般にはまったく知らされずに行われていたのである。

宇宙人側にしてみれば、UFO出現という行動は大衆をパニックに陥れようという意図ではなく、もっぱら当局に対する警告であったといえるだろう。核の使用は宇宙的な緊急事態であったに違いないからである。

●大衆を巻き込む直接コンタクト事件が発生

アメリカが水爆実験を開始した20日後の1952年11月20日に、UFO史上最も大きな影響を呼び起したアダムスキー事件が発生する。

アリゾナ州からカリフォルニア南西部にまたがるモハーベ砂漠で、着陸した円盤型UFOから現れた宇宙人とコミュニケーションするアダムスキーの姿を、6人の目撃者が見ていた。

沿線の道路から少し外れて、1キロほど踏み込んだ山間でアダムスキーと宇宙人が立ち話をしている様子を、目撃者たちは双眼鏡などで約1時間も観察し続けていた。

見ていた6人というのは、全員この砂漠地帯の近隣に住み、当時頻発していた円盤出現を研究していた人たちで、この着陸事件を予期して、ブライズという町に集合した後、上空に出現した葉巻型ＵＦＯに導かれて、アダムスキーと共にこの地点に到着していたのである。

この事件を予期して、カメラや双眼鏡だけでなく着地した宇宙人の足型をとるための石膏などを用意していたというこの集団は、数日前から宇宙人とテレパシー的なコミュニケーションを行っていたと私は考える。しかも自動車で移動して、沿線の人々からは目につかないロケーション地点をＵＦＯが上空から指定して、地上の彼らを誘導することができたということもその可能性を証明していることになる。

そう考えるのは、似たような体験が私自身にもあるからだ。それは、私が学生時代に静岡へ旅行に行ったとき、2機の円盤型飛行物体などとの遭遇を含む、人生最大のＵＦＯ目撃体験をした（『ニラサワさん。』１４４頁）際に、テレパシー・コミュニケーションの明確な現象に出合ったからである。知人や友人、家族とのコミュニケーションだけでなく、宇宙からの来訪者ともあるレベルの情報交流があったことを実感していた。

実は、私たちがＵＦＯと遭遇した１９６４年はちょうど東京オリンピックが開かれた年だが、この時期に地球の裏側で重大な宇宙的イベントが行われていたということがのちに明らかになる。それは本書の中心的テーマなので、後半で触れていく。

さて、アダムスキーのコンタクト現場に話を戻すと、その宇宙人との1時間にわたるコミュニケーションの内容の中に、人類が開始していた核実験に関するものが含まれていた。

アダムスキーは「なぜあなたは地球に来たのか……」ということを身振りや表情、心のイメージなどで宇宙人に尋ねたとき、相手からは友好的な理由で来たということを感じるとともに、「地球からの放射線に関係がある」ことを理解したという。そのとき宇宙人は核爆発のキノコ雲を手でイメージし「ボーン、ボーン！」と発音し、地面の植物を指さしてから両手を大きく回して、すべてが破壊されるという意味をあらわしたのだ。

このコンタクトの際に交わされたコミュニケーションの他の内容には、核爆弾による殺戮《さつりく》の代わりに真の平和をもたらす価値観も含まれていたことに気付かされる。そして3カ月後の1953年2月から、アダムスキーは地球にすでに住んでいるほかの宇宙人たちとも交流を開始し、宇宙船に乗せてもらう体験を持つようになっていく。それらのことがどういう意味を持つかについては、以後の章でさらに追究していくことにしたい。

さらに、アダムスキーが宇宙人と交流し始めた同じ年の1953年8月に、もう一つの円盤搭乗事件が起きていたことを付け加えなければならない。その事件は、アメリカ南部のテキサスとの国境に近いメキシコで発生した「第二のアダムスキー事件」といわれたサルバドール・

ヴィジャヌエバ・メディナの体験である。

というのは、彼の体験記『わたしは金星に行った!!』を日本で出版するに際し、１９８６年にメキシコまで行ってインタビューしたことがあったからだ。彼が遭遇体験をしたときはタクシーの運転手をしていたが、私がメキシコシティに訪ねたときは自動車修理工場を経営していた。

彼は技術者タイプであり、いっぽうアダムスキーは精神的な理解を追求する教師だったので、おのずから両者の視点には対比される部分があり、共に現実の事件でありながら、ヴィジャヌエバの場合は惑星都市の外観や建設工程、維持管理などの観察が細かいが、アダムスキーは心の内面に及ぶ哲学的な深みを重視している。

この１９５２年からの3年間は、宇宙人たちは一挙に地球外惑星の精神的側面と物質的側面の両面を地球にもたらそうとしたように思われる。

●ＵＦＯ着陸事件の爆発的増加

ＵＦＯ出現事件発生の最大のピークは、翌１９５４年にやってきた。今度は、大勢の大衆を巻き込んだヨーロッパ全域にわたる出現である。

イギリスからスペインに至るまで、8月から10月にかけ、100万人以上の人がUFOを目撃したといわれる。

事件の発端はフランスのパリ上空から始まった。

1954年8月23日午前1時頃、ベルナール・ミザルイという実業家がセーヌ川沿いの自宅に着いて、車庫に車を入れようとしたとき、暗かった街が青白く照らされているのに気付いた。目を空に向けると、川の北岸の上空に明るい巨大な物体が音もなく静止していたのでびっくりする。それは直立した巨大な葉巻とも言うべきものだった。

突然その葉巻形の物体の下から水平になった円盤状の飛行物体が現れ、落下してから水平に動き始め、川を越えて近づいてきた。円盤を正面から見ると、明るい光の輪で取り囲まれていたという。それが後方に猛烈なスピードで飛び去ったかと思うと、向こう岸の上空にあった葉巻の下から別の円盤が次々と現れては同じように飛び去っていった。円盤の形は中央部が強い赤色に輝き、縁にいくほど弱くなり、周囲は燃えるような光の輪になっていた。

そうこうしているうちに葉巻はその輝きを失い、長さ100メートルもあると思われたこの巨大な物体は闇の中に溶け込むように消えてしまった。これらは約45分間の出来事だった。

翌日、ミザルイ氏が前夜の幻想的な光景について警察に行って知らせたら、同じ午前2時頃、巡回中の二人の警官と、国道181号線をドライブしていた陸軍研究所の一人の技術者が、同様のものを見ているといわれたのだ。

この報告は、フランスの科学ジャーナリストだったエメ・ミシェルが、１９５２年のヨーロッパで起きたＵＦＯ事例を、当時の新聞記事から集大成し、事件の４年後に出版した『ＵＦＯとその行動』というレポートの最初に掲げた事件の要約である。この本には当時のＮＡＴＯ空軍防衛本部総司令官が推薦序文を寄せている。

この書だけでも、１８６件の事件を取り上げ、目撃者は数千人に及び、そのうちの67件がＵＦＯ着陸事件で、その際に数百人が宇宙人やＵＦＯ着陸跡を目撃しているのだ。

主な事件の内容を見てみたい。

◆１９５４年９月10日　宇宙人と握手　フランス中部　ムリエラ　午後８時50分

農夫が畑仕事の帰りに、オートバイのヘルメットのようなものをかぶった見知らぬ中背で奇妙な服装をした男に出会った。近づいてきてぎこちない握手をしてから、姿を消した森の茂みから一方が膨らんだ２～３メートルの長さの葉巻型物体が垂直に上昇し、西の方に飛び去った。

事件のあと、複数の近隣住人が同じ時刻に同方向へ飛び去る飛行物体を見ていることを地元警察は確認。

◆９月10日　宇宙人とＵＦＯ着陸跡　フランス北部　ヴァランシエンヌ　午後10時30分

鉄道線路上にある黒い物体の近くを、背丈が1メートルほどで、潜水服のような上下続きのヘルメットと服装で歩く二つの実体に工員が遭遇。捕まえようとしたら線路上にあった黒い物体から光線が発射され、体がしびれて動けなくなった。実体が入り口のようなところに入ると黒い物体は浮き上がって西方へ飛び去った。警察や保安局が現場調査をして、線路の枕木に複数の痕跡を発見し、そこに30トンの圧力がかかっていたことが判明。

◆9月17日　宇宙人と会話　フランス中西部　ヴィエンヌ　午後10時30分

自転車に乗っていた男性が電気でしびれたようになり、降りて自転車を引いて歩いていると、路上に長さ3メートル高さ1メートルの機械を発見。その中から出てきた小柄な人間が近づいてきて肩に手を触れ、意味のわからない言葉を話した。それから機械の中に姿を消すと、緑色の光を放射して機械は驚く速さで上昇して空に消えた。それとともに男性の体のしびれは消えた。

◆9月19日　UFOと宇宙人　フランス北東部　ヴォトレシン　午後9時15分

空に現れた明るい光が減速しながら着陸したのを田園監視人が目撃。マイクロバスくらいの物体が着地して光が弱まり、40秒後に赤くなると人影が現れ動いていた。しばらくすると物体が動き出し、高速で垂直に上昇して赤い球体から扁平になりながら飛び去った。

◆9月24日　路上にUFO　フランス中部　ユセル

夜更けに農場からトラクターで帰宅途中の農夫が、上空から接近して前方の路上数メートルに数分間も滞空したあと飛び去った明るい物体を目撃。この様子を手伝い婦と農場主も見ていて、翌日物体がいたあたりの樹木が高温にさらされて枯れているのを発見。

◆9月26日　半透明の宇宙服　フランス南東部　シャブーユ

森でキノコ採りをしていた女性が、半透明の潜水服を着たような小柄な生物を見て逃げ出したが、振り返ると木立の後ろから大きな丸い物体が上昇して飛び去っていった。女性は恐怖のため2日間高熱を出して寝込んだ。

◆9月27日　二つの生物　フランス南部　ペルピニャン

午後、郊外の路上で下校時の高校生が、路上に着陸した丸い物体から現れた二つの生物に遭遇した。震えながら帰宅した少年は、神経性発作で医者にかかった。

◆9月27日　ブリキの幽霊　フランス中東部　プレマノン　午後9時ごろ

4歳から12歳までの子ども4人が農場の小屋で遊んでいるとき、外にゆれ動く大きな火球と、二つの「砂糖の塊のようで、下が二つに割れた脚のあるブリキの幽霊」を見た。のちに警察は、火球があった場所に、草が円形になぎ倒された4メートルほどの痕跡を確認。

◆9月29日　物体から三つの人影　フランス中部　ブーゼー　午後10時30分ごろ

ブドウ畑を見回っていた農園主が、空から落ちてきた明るい物体のまわりに三つの人影を見ていたら、体がしびれ気を失った。

以上、見てきたように、9月中は事件の発生が散発的だったが、10月に入ると、いまにも大量着陸事件が起きるかのような増加傾向になっていく。

●1日に数千人の目撃者

10月1日から11日の間が最大のピークだったとされ、報告したミシェルは「フルオーケストラ」という章を立てている。この時のUFO出現は明らかに地球の大衆との交流を目的にした宇宙人たちのデモンストレーションではなかったかとさえ思える。

◆10月1日〜3日　毎日定時に出現　フランス北東部　ロレーヌ地方　午後8時〜11時45分

地域の10以上の村の上空で、複雑で巧妙な飛行を繰り返す円盤状物体が多数の住民によって3夜連続で目撃され、近辺に繰り返し着陸したが、数時間も見ていた多数の住人はだれもそれに近づこうとしなかった。それは「畑の中に全く音もたてず動きもしない一つの円盤が着陸しており、弱い緑色の光を放っていた」という。

◆10月2日（土）　フランス全土で目撃された日　午後3時45分〜8時

最初スイスのジュネーブ湖の近くの国境に現れた巨大な葉巻型物体が、フランス中部のポンスイ付近上空で垂直状態になり、そこから現れた円盤型や球状の飛行物体が、大西洋岸やベルギー国境、そしてドイツ、イタリア、スペインなどの国境、地中海沿岸など8方向に飛行し、その直線上数十カ所で目撃事件が発生した。目撃者は数千人に達したといわれる。

◆10月3日（日）　フランス中部6県とベルギー国境などで着陸事件多発　午後6時45分〜9時30分

ベルギー国境の工業地帯であるリール地方に、低空で急速に近づく明るい楕円形物体が出現。橋の上空に停止したあと、火花のような光を放ちながら地面に向かって降下したので、大勢の人がその場所に集まったが、間もなく急速に上昇して飛び去った。このような飛行物体の降下と群集の目撃事件が30カ所以上で繰り広げられた。

その中には、数カ所で連続的に起きた自動車追跡事件と、路上着陸事件があった。二人の農夫が運転していた道路前方に、直径3メートル高さ2メートルの円形物体を認め、近づくと潜水服のようなものを着た子どもくらいの背丈の小さな生き物がおり、その機械の中に入ると音もなく空中に浮上し飛び去った。

同日**午後9時30分**すぎ、パリ地方で、葉巻型物体や二つに分離する円盤型物体の降下が見られた。
さらに同日**午後10時45分**、中部大西洋側の数カ所で、着陸跡を残した円盤型物体の目撃や、路上に着陸した円い機械と、潜水服のようなものに包まれた小さな生物が見られた。

◆10月4日　午後8時

ブルゴーニュの牧場で、発光体が土壌を採取した痕跡が確認された。
同日**午後10時**、ブルターニュの上空50メートルに、透明の円盤物体の中にいくつかの人影が動いているのが目撃された。

◆10月6日　午前2時

シャンパーニュ地方の畑の中に、弱い光を放つ3メートルくらいの巨大な砲弾状物体の舷窓の中に人影が見られた。

◆10月7日　午前4時

ベルージュの農夫が寝室から、路上に2~3メートルの明るい物体を発見し、部屋の明かりをつけると、物体もサーチライトのように発光した。

同日**午前6時**、ル・マンの国道で、強烈な青い発光体の接近で、走っていた自動車がストップしてしまった。

同時刻、ルノーの自動車工場従業員数人が、近くの国道わきに強い緑色の光体を発見し、体がしびれた。
さらに同日の**午後2時30分**、アヴィニヨンの近くの畑に、平たい帽子のような物体が着陸し、近づいた人の体がしびれ、呼吸困難になった。
そして**夕方**、パリ北西のアンヌジーで、卵を半分にしたような赤い輝く物体が着陸し、背丈も形も人とよく似た二人の人影が見られた。
同日**午後7時30分**、パリ北東の鉄道線路上に、３個の物体が着陸しているのが目撃された。
さらにその**深夜**、ミュルーズの道路沿いにある牧場に、ドアの付いたキノコの傘状物体が見られ、虹色に発光して飛び去った。

◆10月9日

日没後、ドイツのミュンスター近くの畑の中に、青みを帯びた小さな機械のまわりに、１・２メートルくらいの「火星人」（目撃者の比喩的表現）がいるのが見られた。
午後6時30分、ドイツ国境に近いフランスのモーゼル県で、ローラースケートをしていた３人の子どもの近くに、円い明るい物体が着陸し、中から１・２メートルほどで祭司が着るガウンのような黒い服を着た人間が出てきた。頭は長い髪でおおわれ、意味不明の言葉で話しかけた。
午後7時、リヨン郊外で、潜水服のようなものを着た異様な生物が目撃された。高さ１・５

メートルで、頭には濃い髪が束になっており、胸のあたりに縦に二つのヘッドライトのようなものがあった。

午後8時30分、スペインに近いタルンの国道631号線で、ヘッドライトの光の中に、子どもの背丈くらいの二つの生物が道路を横切るのが見られた。その直後、近くの牧場から赤く輝く円盤が上昇していった。

午後9時20分、パリ郊外に続く国道2号線で、月の半分ほどの黄色い葉巻型物体が飛行し、多数の車のエンジンをストップさせ、交通が大混乱になった。

数分後、パリ西方のドルーの野原に着陸している発光物体をハンターたちが目撃した。

◆10月10日

午後9時10分、ドイツ国境に近いメッツで開かれていた博覧会場で、フランス陸軍による兵器のデモンストレーションの最中、上空1万メートルの天頂に直径50メートルほどの球状物体が出現し、クリスマスツリーの電球のように光を明滅させながら、3時間以上も静止していた。

◆10月11日

午前4時15分、フランス中部で、エンジンストップして車の外に出た人が、さまざまな色にきらめく大きな物体が、雲の下を通過するのを1分ほど見た。

その数分後、200キロメートルほど離れた国道104号線で、赤く輝く直径2メートルほどの球状物体によって、車の後方25メートルほどの距離で追跡された。
午前４時30分、そこから50キロほど離れた道路で、ドライバーが走行中に電気にしびれたようになったあと、電気系統がダウンする事故が相次いだ。このとき道路わきの牧場の中に、円い機械のようなものがあり、そのまわりで三つの小さな人影が活発に動いているのが見られた。間もなく人影が機械の中に隠れて飛び去ったが、その瞬間に車のヘッドライトがつき、エンジンを始動できた。
夜明け前、ノルマンディー地方の牧場を低空で動き回る赤い長楕円物体があり、驚いた牛からは終日乳が出なくなった。
午後７時30分、ボルドー西方の大西洋岸を通る高速道路40号線で、10メートルほどの高さに、無音で滞空する黄赤色の丸屋根のある円盤が滞空したあと、近くの牧場に着陸し、そのまわりで1メートルほどの4人の人影がせわしく動くのが見られた。人々が近づくと、機械の中に姿を消し、青からオレンジに発光しながら飛び去った。
午後９時50分、ボルドーに帰る3人の婦人が県道14号線を運転中、低空に二つの明るい球体が現れたとたんエンジンが止まり、車外に出てその光体があたりを飛び回るのを観察した。やがて物体は垂直に降下して、シャラント川の谷間に着陸していった。
午後10時、フランス中部山岳地帯のアバロン県で、牧場に着陸していた赤色光を放つ直径4

メートルほどの円盤状物体を、6人の住人が目撃した。

◆**10月12日**

スイス国境に近いオルシャンで、木の葉のように揺れながら降下する物体が着陸し、そのそばに小さい「パイロット」が見られたなど、1日30件の新聞報道。

◆**10月14日**

夕方、ブルターニュ半島のメラルで、畑に着陸した底が平たく円屋根のある透明物体の中に人影が目撃されるなど、1日20件の報道。

◆**10月15日**

早朝、イギリス海峡に面したフランスのカレーで、製パン業者が、鉄道線路上に着陸したキノコ型物体を目撃するなど、7〜8件の報告。

◆**10月16日**

夕方、ノルマンディー地方の獣医が、国道314号線上に着陸してきた円い物体に接近し、エンジンが停止したなど、2件の報告。

◆**10月18日**

午後9時、フランス中部の国道150号線で、赤い皿状物体二つが近くの畑に着陸し、出てきた二人の小さい搭乗員が互いの乗り物を交換したのが目撃された。

午後10時45分、スイス国境の湖沿いを走る国道４３７号線で、上空から路面を照らす赤色光の近くに、いくぶん背の低い人間と小さい奇妙な人型生物が目撃され、直後に湖面から明るい光体が垂直に上昇していった。

こののち11月上旬まで、各地で似たような着陸事件が続く。

ここに列記したＵＦＯや宇宙人遭遇事件は、すべて当時の新聞や雑誌などで報道されたものだ。

それらの記事を収集して分析したミシェルは、著作の最後で、「こうして報道されたものは、実際に発生した事件の2パーセントに満たないだろう」としているから、ここに列記した事件の１００倍くらいのことが2カ月間にヨーロッパ全域で起きていたことになるだろう。

これだけの事件があったにもかかわらず、現在では忘れ去られてしまっているのはなぜだろうか。よく考えてみれば、この時期にＵＦＯや宇宙人に遭遇した多くの人が、まったく理解できないものが目の前に現れ、恐怖で体の震えが止まらないとか、医者にかかって寝込んでしまったといった反応が多いうえ、事件を取り上げる新聞記者たちも、どう説明すればよいかわからず、落としどころとして冗談話で笑い飛ばしているような記事も多い。

そして、実際には政府や軍当局としては、現地の警察官や科学者の動揺を鎮めるために、気象観測の実験があったとか、自然現象の見誤りだったといった代替え説明の報道を繰り返す以外なかったというのが実情だろう。

ここで重要なのは、今では過去にそんなことがあったとは誰も知らないほどで、つまりは宇宙人たちの無駄骨か気まぐれにすぎなかったのかと考えたくなるが、そうではなく、この大量のＵＦＯ出現事件は、地球の歴史に大きな影響を与えていたことに気付かなければならない。

第三章　ジュネーブ会議で宇宙開発が始まる

●宇宙人飛来の目的は政府要人に伝わった

この時期、フランスはインドシナの植民地問題で重大な岐路に立たされ、政権が揺れていた。また世界は、戦後処理の方針が決定されなければ、核の使用でやっと終わった大量殺戮の戦争がまた繰り返されそうな地球の現状に、宇宙からの介入が始動したのだ。

1954年5月7日、植民地ベトナムを支配していた数万のフランス軍は、ベトナム解放軍にディエンビエンフーの戦いで敗れてしまい、フランス政府はインドシナへ巻き返しの大量派兵を計画していた。その予定日は7月26日だったが、それはちょうどフランス全土でUFO着陸事件の爆発的発生が起き出すころである。

これに対し、フランス野党だった共和主義社会党のピエール・マンデス＝フランスは、この年の4月にスイスのジュネーブで開かれた「インドシナ和平会談」で、和平への糸口をつかみつつあった。そして5月に「1カ月以内のインドシナ和平実現」を公約に、前政権を解散に追い込み、6月18日に首相の座に就任したのである。

ベトナムだけでなくソ連や中国も巻き込んで難航していたインドシナ和平交渉は、首相となったマンデス＝フランスの説得で、7月21日についに平和協定成立にいたる。

この時、フランスという国はインドシナにあった自国の植民地を解放し、派兵を断念するとともに、世界の平和のための次のステップに進んでいく。それは宇宙人からの提言によるものだったといっていい。

この年のヨーロッパUFOウエーブのピークとなった10月2日に起きた事件は、「スイスのジュネーブ湖の近くの国境に現れた巨大な葉巻型物体」が、フランス中部上空で垂直状態になり、そこから現れた円盤型や球状の飛行物体がフランス全土に飛散していき、またワシントンUFO事件の際にはスイス・アルプスの氷河にUFOが着陸していたことは前章に紹介したとおりである。

つまりはこの時期、スイスのジュネーブ湖（レマン湖）のあたりが地球外からの介入の拠点となっていた可能性が考えられ、宇宙人からの直接コンタクトに近いような、外宇宙からマークされたキーマンの存在があったのであろう。

というのは、ピエール・マンデス＝フランスが首相となった1カ月後に、一つの議案がフランス国会で承認されたが、首相にその議案を提出させた人物が住んでいた場所が、ジュネーブ湖のほとりのローザンヌだったということ、しかもその人物は、宇宙人たちが地球で何をしようとしていたかに精通していたのである。

●国際会議の議題は宇宙人との対応だった

1954年7月21日に新任のマンデス＝フランス首相がインドシナ平和協定を成立させ、長い植民地支配という悪習からフランスを解き放ったころ、マンデス＝フランスの政策上のアドバイスをしていたジュネーブ在住のアルフレッド・ナホン心理学・哲学博士は、世界的に急増するUFO着陸事件に伴う宇宙人の動向に関する政府筋からの情報収集を進めていた。

この年の秋から、前章で見てきたようにフランスで前例のないようなUFO出現の集中発生が起きるわけだが、2年前に起きたアメリカの首都ワシントン上空の事件をはじめ、ソ連東欧圏からイギリスにいたる地域でUFO着陸事件に伴う、宇宙人との接触事件が起きていた。

これらの事件には一般人だけでなく、各国の要人が宇宙人とコンタクトしたケースもあり、その際に宇宙人側の意図が示されていたことは当然であろう。

一般の大衆は、空を見上げたらそこに円盤型や葉巻型の飛行物体が見えたとか、近くの畑に奇妙なマシーンが着陸したなどと騒ぐものの、新聞を読まない人たちにとっては、隣町で同じようなことが起きていたことなど知るよしもなく、まして地球規模のグローバルな視点に立てるわけもないが、政府や軍は自国で起きている現象を認識していないはずはなく、その騒動が自国だけでなく世界的な広がりで発生しているという事実を認めるようになっていた。

このころのフランスの新聞には「わが国の外交官で、地球に来ている宇宙人たちについて知らないものはいない」と報道されていたというのだ。それらの外交官たちが持っていた宇宙人に関する情報とはどんなものだったのか。情報を吟味していくと、どうやら地球人類が所有するようになった核の大量破壊兵器の使用に対する、宇宙人側の強硬な対抗手段であることが次第に明らかになってくる。この宇宙人側からの要求に対し、政治、軍事的な各国の対応策を緊急に話し合う必要が出てきていた。

フランス政界のアドバイザーをしていたナホン教授は、インドシナ和平協定に向けジュネーブに集まるフランス、アメリカ、イギリス、ソ連などの外交官や軍関係者を通じて、それらの国々が得ていた宇宙人たちの意図や要求に関する情報を検証し、どう対処すべきかを関係各国と調整していた。

こうして「世界首脳軍事秘密会議」の計画がとりまとめられたのは1954年2月ごろであった。この月に「秘密会議」のことを最初に世界に配信した女性が、当時イギリスに赴任したばかりのドロシー・キルガレンである。彼女はアメリカでテレビのパネリストとしても有名なアイルランド系ジャーナリストで、イギリスからの初仕事としてのニュース配信だった。ニュースでは「その秘密の会合は来年の夏に開催されることになっている」というものだった。

そのニュースが現実のものになったのが、5カ月ほど後の1954年7月17日で、マンデス＝フランスがフランス議会に提出した「ジュネーブ会議開催承認の議案」であった。この議案はナホン教授が首相に進言したものだった。

これはただちに承認されてフランス議会で採決され、ドロシーのニュース配信のとおり、翌1955年7月18日から23日までジュネーブで開かれたのが、「四大国巨頭会談」といわれた国際会議である。出席したのは、アメリカからはアイゼンハワー大統領、イギリスはイーデン首相、ソ連はブルガーニン首相、フランスは次のフォール首相になっていた。

この会議は、一般的には戦後処理問題が話し合われたといわれているが、実際には会議が終わった1週間後に参加各国が宣言したことは「宇宙開発のスタート」だった。このときから、人工衛星に始まって、現在の月や惑星探査にいたる宇宙時代がスタートしたのである。

いわばUFOと宇宙人の飛来に衝撃を受けて、宇宙の現状を知ろうとしたのだ。

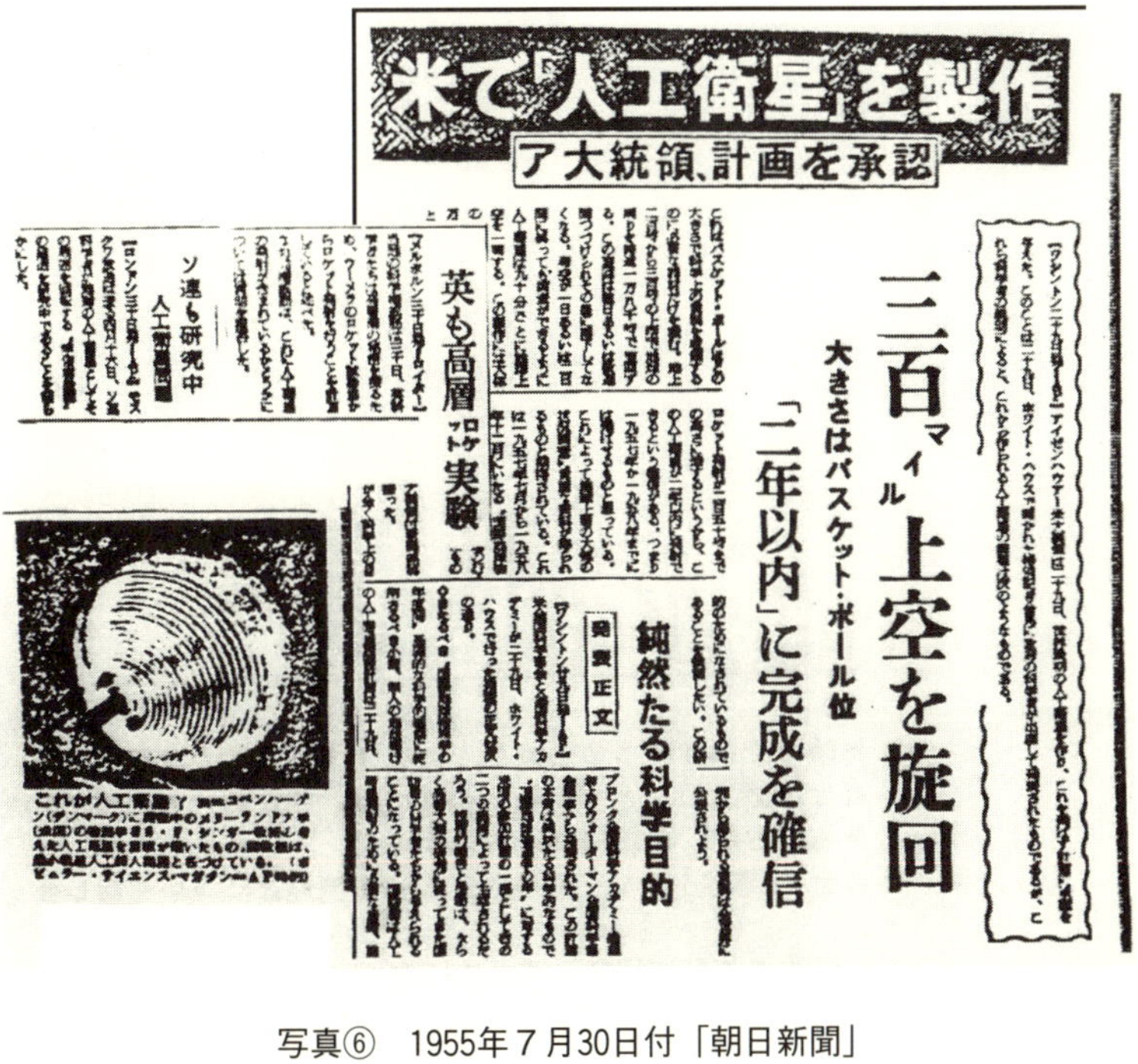

米で「人工衛星」を製作

ア大統領、計画を承認

三百マイル上空を旋回

大きさはバスケット・ボール位

「二年以内」に完成を確信

純然たる科学目的

英も高層ロケット実験

ソ連も研究中

これが人工衛星？

写真⑥　1955年７月30日付「朝日新聞」

●政府首脳の家に宇宙人が出現

大国の首脳が集まるような歴史的国際会議が一般には隠れてこっそり行われることはまずないだろう。しかしこの巨頭会談の原案は、ドロシーのニュースでは「軍事秘密会議」だとしていた。これは、会談の内容を一般に公表できない部分があることを意味する。世界の大国が集まって秘密裏に軍事的な話をする理由は何かといえば、相手が地球外の知的生命体であり、その対応だったということであろう。だから戦後処理を名目として、その秘密の議題は隠されたに違いない。

そこで、それほど重要な秘密のニュースをドロシーはどこから入手したのかであるが、そのころロサンゼルスの『エグザミナー』誌に彼女が書いた国際記事の中で、「墜落した円盤の残骸を調査したイギリスの科学者たちは、この奇妙な空中物体がほかの惑星由来のものだと判断している」と記していることから、彼女がすでにアメリカとイギリスが墜落UFOの調査で協力していたことを知っていたことになる。

また、この記事の中で彼女は「この情報提供はイギリスの政府高官からである」とも述べている。しかし、名前は特定しなかった。

こうした情報を握っているイギリスの政府高官は誰なのだろう。当然、イギリス国内だけでなく国際的なＵＦＯ問題に精通した政府関係者であり、アルフレッド・ナホン教授が提唱した国際会議案に連動するキーマンということになる。

実は、後年にＵＦＯ研究組織ＭＵＦＯＮ（相互ＵＦＯネットワーク）の編集者ジョージ・フィラーが今のエリザベス女王のご主人であるフィリップ殿下と会食した時、ヨーロッパＵＦＯウエーブのころイギリスのスカルソープ空軍基地で起きたＵＦＯ事件が話題になったほか、殿下から「義理の叔父さんであるマウントバッテン卿が海軍時代にＵＦＯを見たことがある」と打ち明けられたというのだ。

マウントバッテン卿とは、ジュネーブ会議の時代には海軍司令長官の座に就いた人物である。そして後に、チャーチルの親族がそのころマウントバッテン卿の邸宅にＵＦＯが着陸したことがあると暴露しているのである。タイミングとしては、ジュネーブ会議直前に宇宙人たちが各国政府要人に接触した時期に当たる。

ちなみに、マウントバッテン卿の血筋と経歴を説明すると、現在のエリザベス女王のお祖父さんの従兄《いとこ》にあたり、ヴィクトリア女王のひ孫になる。戦前はイギリス最後のインド総督を務め、戦時中はアジア地域連合軍の総司令官で、戦後は海軍元帥や国防参謀総長などを歴任している。イギリスのブロードバンドにある卿の邸宅は、チャールズ皇太子とダイアナ妃が結婚後に使っていたというほど広いものだった。

ＵＦＯ事件が起きたのは、その若い二人が過ごした邸宅の裏庭である。後年に秘匿が解除されたこの事件のレポートから要点を記してみよう。

それは、ちょうどナホン教授がジュネーブ会議の構想を練り上げる１９５４年ごろの冬の朝のことであった。


――あたり一面が雪で白く染まったマウントバッテン卿の邸宅に、ブリックスという使用人がオートバイで裏門のゲートを通って出勤してきた。すると非常に大きな物体が空から急降下してくるのに出くわした。それが近くに着陸したようなので、彼は道から外れて繁みをオートバイでその方に近づいていってみた。すると、ちょっと開けたくぼ地の少し見上げるくらいの高さに円盤状物体が滞空しているのを見た。最初その物体はブリックスが近づいてきたことに気付かなかったらしく、一時空中に静止して、中央部あたりからスーッとはしごかエレベーターのようなものを下ろして、地上すれすれまで下降してきたという。そして、その降りたエレベーターの内部にはなんと人がいたのである。その人物の外見は長い金髪で、衣服はブルーのわりと体にぴったりとしたウエットスーツのような感じであった。ところが、近くにブリックスという男がいたためか、この宇宙人は、またエレベーターに乗って、スーッと円盤の中に入っていってしまった。ブリックスはあまりに円盤に近づいたので、円盤から青い光を照射されて、オートバイごとその場に倒れてしまった。しばらくして円盤はスーッと飛び去っていった

以上は第1日目の報告である。

この日、もしブリックスがその場にいなかったら、宇宙人はどうするつもりだったのだろう。正門も裏門もゲートには守衛が人の出入りをチェックしていて敷地内には関係者以外誰もいないエリアとなっており、宇宙人はおそらくマウントバッテン卿の部屋に直行できたかもしれない。

●マウントバッテン卿はブリックスの体験を認めた

使用人の立場にあるブリックスにしてみれば、「いったいご主人さまのこの領地で何が起きたのか」と驚きつつ、ともかく立ち上って館へ出勤していった。館にはブリックスのほかに、おかかえの運転手がいて、出勤時の出来事を彼が話したところ、その運転手は「ご主人はそのようなことに大変興味をお持ちだから、ぜひとも話してみたがいい」と促したという。おかか

え運転手というのは、あるじが車の中で話すことを聞いていてけっこう情報通なのである。

そこで、ブリックスはマウントバッテン卿の所へ連れていかれた。

話を聞いた卿は、案の定、大変興味を示し、ブリックスに何枚かのＵＦＯの写真を出してきて見せながら、「実際にお前が見た円盤は、これらの写真の中のどれに当たるのか」と質問したという。そして「自分たちはこの円盤のことについては、実はよく知っているのだよ。お前の体験にも大変興味があるのだ。だから、このことについては驚かなくてよい」とマウントバッテン卿は言って、いろんなタイプのＵＦＯの起源や、どこから飛んで来ているかということに精通していた様子だったというのだ。

ブリックスにしてみれば、「自分は何か見てはいけないものを見てしまった」かのような気持ちをもっていて、非常におびえた様子だったけれども、マウントバッテン卿の方は彼の話を聞いても冷静だったという。

話を聞き終わってから、マウントバッテン卿は運転手と共にブリックスが円盤に遭遇したという場所に行くことにした。現場に着くと、雪であたり一面は白く染まり、ちょうど円盤からエレベーターが降りた所だけが丸く雪が溶けて黒い土が出ているのを確認することができたという。

そこでマウントバッテン卿は、「この話は本当のことである」という趣旨の声明書を作ってブリックスに与えたのである。それほどマウントバッテン卿はＵＦＯ問題に熱心で、かつまじめに受け取っていた。おそらく、この時期に卿自身も間近にＵＦＯを目撃したことがあったのだろう。

しかし、事件はこれで終わりではなかった。円盤は翌日もやって来たのだ。報告書は続く。

——その翌日、また円盤が降りてきて近くに着陸した。今度は、昨日着陸したくぼ地より裏門のゲートに近い通路上に宇宙人が立っていたのである。そして宇宙人は、昨日のことをわびるかのように、ブリックスに向かって「中に乗せてやるよ」というふうにうながし、「どこか行きたい所があれば連れていってやる」と言った。その言葉に従ってブリックスは円盤に乗り込み、自分がかつて従軍していたころエジプトでピラミッドを見たことがあったので、もう一度見たいと宇宙人に伝えると、10分もしないうちに、窓の外にピラミッドが見えてきた。そして再び、館の庭に帰りついたが、その旅はものの30分とかからなかったという——

このコンタクトの最後に、宇宙人は非常に興味深いことをブリックスに言っている。それは「もし、マウントバッテン卿がわれわれに会っていれば、彼は世界を変えることができただろう」というのである。つまり、この時代の最高の実力者だった人物が、宇宙人と正式にコンタクトすることによって、新しい歴史の展開を画策したに違いない。この時の宇宙人は、ヨーロッパの田舎に無造作に着陸した円盤の乗組員とは違い、地球の重要人物に接触するための英語も話せる洗練されたメンバーだったといえるだろう。

●政府要人や科学者は知っていた

実は、イギリス皇室の屋敷にＵＦＯが着陸していたというこの事件は、当時イギリスのサンデー・グラフィックという新聞が報道しようとしたところ、検閲で掲載差し止めとなり、それ以降まったく知られていなかったものだった。それが明らかになったのは、26年も後の、マウントバッテン卿が亡くなった翌年の１９８０年のことである。

イギリスの『フライング・ソーサー・レビュー』という権威あるＵＦＯ専門誌に、この事件を詳細に報告したのは、チャーチル首相の甥だったデスモンド・レスリーである。彼は卿の親族とも親交があってこの事件を知ったのだが、卿の存命中は口止めされていたものだった。

彼の報告書からわかるように、政府要人の立場にあった人物が、ＵＦＯの写真をたくさん所有し、その種類に精通するほどの情報を把握していたということは驚きであるとともに、ＵＦＯや宇宙人との対応やその情報の国際的な共有が緊急に必要な時期にあったことがうかがえる。

だから、こうした状況判断にもとづく「巨頭会談」開催の動きは、ナホン教授と同じく、「軍事秘密会議」の報道に連動していたことになるだろう。

では、どうしてＵＦＯと軍事が関係してくるかというと、大量破壊兵器としての核の使用があったからで、それが明示されるもう一つのＵＦＯ着陸事件がイギリスで発生していた。

事件が起きたのは、マウントバッテン卿宅へのＵＦＯ着陸事件とほとんど同時期の１９５４年2月18日である。

このときの遭遇体験者もマウントバッテン卿と同じく、宇宙人側から注目されていた人物だった。というのは、彼がイギリス王立天文学会員であり、国際月理学会の重鎮でもあったからである。

彼はこの時、休暇でスコットランド北端の海岸に来ていた。野鳥観察が趣味で、カメラと双眼鏡を所持して、スコットランド北端にあるロシーマウスに近い海岸を歩いていたのは昼の12時35分だった。風を切るような音がし、空に大きな鳥らしきものがいたので、双眼鏡で見ながら焦点を合わせると、それは太陽に輝く金属製のようで、上部に丸屋根と下部に球型の3個の装置が見えた。やがて上空の雲の上に消えていき、所持していた手帳に時間と見えた形の図をメモしている。高度は１５００メートルくらいと考え、物体は爆撃機くらいと計算している。

そこでしばらく昼食をとって休んでから、また海岸を歩き出した。3時5分すぎに、再び空に現れた円盤型物体を双眼鏡で確認したので、興奮して手を振ったという。この際に円盤がもっと接近してくるという予感があった。案の定、次に晴れ間が見えた3時45分ごろ、またあの風を切るような音が聞こえたかと思うと、海上を横切るように円盤が近づいてきた。ちょっとの間ぼうぜん自失になったが、すぐに大急ぎでカメラを取り出して続けざまにシャッターを切っている。

近づいてきた円盤は目の前45メートルあたりにいったん浮いたまま停止してから、かすかに音を立てて着陸した。高さ7メートル、直径35メートルくらいで、継ぎ目もボルトも見当たらない一体の金属で、上のドームの先端に黒い垂直な棒が突き出ていた。

遭遇したこの科学者は、自分でも意外なほど「まったく自然な態度を保っていた」と言っている。だから、驚いて逃げたりせずに円盤に近づいていったという。

すると、円盤の後ろからすべり戸が出て、そこから一人の男が軽やかに地上に飛び降りて近づいてきた。そこで科学者は手を上げてあいさつしたところ、向こうも同じように応え、しばらく見つめ合ったという。年齢は彼と同じ（32歳）くらいで、外観は似たようなものだったが、長身で180センチはあったようだ。頭髪は褐色で短く、皮膚の色はいくぶん深いタンニン色で、着ている服は首から足までひと続きに身体を包んでいた。

奇妙だったのは、鼻孔に細いチューブが付いていたことだ。それで呼吸をしていたので、大気が異なるところから来ていると推測した。やって来た惑星の名前とか、円盤の動力などを図や手ぶりで質問しているうち、驚いたことに、向こうからあることを質問してきたのである。

それが「あなた方はこれからまた戦争をするのか」という意味であることを理解したので、平和を断言できないという意味で肩をすくめて頭を振ったら、相手はそれを理解したらしく、しばらくまじめな顔で困惑した表情になったという。

イエスやノーの発音を交えたジェスチャーやノートに書き込んだ天体軌道の図で意思疎通ができるようになってから、もう一つの質問を受けている。それは「君たちも月へ飛んでいく準備をしているのか」ということだった。イエスと科学者が返事をすると、宇宙人は多少難しい顔をしたというのだ。この宇宙人が火星人だということや、金星や月からも宇宙人が地球に来ていることは、このときのやり取りで判明していたのだが、どうやら地球人が火星に行って影響を与えることは好まないのだと科学者は理解し、それは責められないことだと言っている。

以上のことを記述した科学者パトリック・ムーアは、当時偽名を使って自分の体験を発表していたことが明らかになっている。私がこのことを知ったのは、アメリカの国会図書館の司書がそのことを発表したというニュースだった。最初にも書いたように、望遠鏡観測による月の専門家で天文学会の権威でありながら、多くの著作を手掛け、またラジオのトークショウの司会も務めたほどの有名人だったことから、この時代に経験した自分の体験をそのまま発言できないことを重々わかったうえでの身の処し方だったと思われる。世間的な顔を隠した立場で、思う存分自分が感じたことをありのままに、そのレポートである著作の中で述べているのがよくわかるのだ。

彼が本名で1963年に著した改訂版の月理学書『月　形態と観察』には、偽名を使った宇宙人遭遇体験レポートの内容を反映する事柄が脚注の各所に記入されていることは興味深い。

パトリック・ムーアがセドリック・アリンガムという偽名で1954年に出した著作『続空飛ぶ円盤実見記』の最後にこんなことを書いている。

「わたくしの信ずるところでは、火星人と金星人は自分たちの存在をわれわれ全体に知らせようとしているのである。彼等が地球に相次いで起こった事件を見てある程度警戒したであろうことは理解できる。彼等が警戒しているのは彼等自身の為でもあり、われわれの為でもある。もしわれわれが文化的におくれている状態で何とか金星か火星に到着することができたとすれば、どんなことが起こるであろうか。われわれ人類のいるところには必ず戦争がある。したがってわれわれは彼等と争うか、われわれ同士で争うことによって、われわれの隣人の世界の文明を破壊してしまうだろうことは考えられるのである。われわれは別世界のより偉大な知性の持主が注意深い態度をとっていることを責めるわけにはゆかないのである。

しかしながら、わたくしの信ずるところでは、宇宙人はわれわれが自分たちの問題を解決するのを援助してくれるだろうと思う。われわれが承知している通り、彼等もまた人間である――彼等は幽霊でもなければ超人でもなくて、われわれよりも一段進歩した人間にすぎない。彼等はわれわれのように利己主義ではなくて、われわれと協同しようと望んでいるように思われるのである。

この援助がどのような形をとって現れるかは今後の問題であるのだが、地球上にもう一度大戦が起こってわれわれ人類の存在ばかりでなく他の種族の存在までおびやかされるということにでもならなければ（現在の状況では事実そういうことになりかねないのであるが）、援助が暴力の形をとるようなことは考えられない。もっとありそうなこととして、宇宙人は折々地球人と接触して、世界的なパニックを起こすようなことなしに、人類に宇宙人の存在を理解せしめることであろう。時が熟すれば、彼等はわれわれの中に入って来て、われわれを平和と発展の道へと導こうと努めるだろう。……宇宙人が実在し、彼らが人類の幸福を望んでいるということを理解する人々がいよいよ増えてくるだろう。

もしこの書物が、今日宇宙旅行の問題をとりまいている神秘のヴェールを除くことに多少とも役立ったならば、わたくしの満足はこれに過ぎるものはない。わたくしが確信していることが一つある。それは、われわれが今後、火星人や金星人を見る機会は一層多くなるだろうということである。これらの予備的訪問によって、宇宙人はわれわれに、彼等の活動が活発になり、彼等のわれわれに対する興味が深まるだろうということを予知させるのである。もしわれわれが賢明であるなら、われわれは彼等を歓迎して彼等の信頼を得るように努めるであろう。その時、彼等はわれわれのために幸福と繁栄にみちた新しい黄金時代——われわれがお互い同士平和と安全の中に生活できるような時代——を開いてくれるであろう」

この最後の文章は、宇宙人の立場を非常によく理解して書いているといえるだろう。しかし、宇宙人が質問した最初の事柄が、「地球人はまた戦争をするつもりなのか」であることは重要だ。彼らはそれが最も気がかりだということなのだ。

●アイゼンハワーは宇宙人に会った

この時代における地球の未来を決める最大の会議において、重要人物の存在があったことをここで付け加えなければならない。それは、ジュネーブ会議に出席したアメリカのアイゼンハワー大統領である。彼は、出席した四巨頭の中で唯一の政府首席でありながら国家元首も兼ねる地位にあったことから、会議の議長を務めることになっていた。ジュネーブに到着したアイゼンハワー大統領は、会議に先立ち現地の米人教会で平和の祈りを捧げている。その胸中には前年に宇宙人と会見した時に伝えられた宇宙的未来像が秘められていたに違いないのだ。

大統領が宇宙人と会見したのは、１９５４年2月20日だったようで、そうだとすればパトリック・ムーアがスコットランドの海岸で火星人と遭遇した2日後ということになる。

このとき大統領は、カリフォルニアのパームスプリングスで1週間ほどの休暇を取っていたが、休暇の2日目に行方不明になりマスコミが騒いだことがあった。このときは地元の歯医者に行ったと発表されたが、本当はしかるべき場所で宇宙人と会見していた可能性がある。

後年、エドワード空軍基地で墜落したＵＦＯの機体と瀕死のエイリアンに大統領は会ったという映像がテレビやラジオで評判になったことがあるが、疑わしい映像だった。

真相は、以下の証言にあると思われるのだ。それは、前説とは対照的にこの情報はほとんどマスコミで取り上げられなかった。証言したのはニューハンプシャー州元下院議員のヘンリー・マッケロイ氏で、本人がじかにスピーチする映像を、軍人や政治家が行った一連のＵＦＯに関する情報公開に合わせて、２０１０年5月に公表したものだ。

証言によると、本人が州の下院議員を務めていた２００3年ごろに、政府の安全保障委員会で書類を整理していたとき、アイゼンハワー大統領にあてた数十年前の秘密報告文書を目にする機会があったという。その文書には「アメリカ国内に以前から潜伏している宇宙人が、アイゼンハワー大統領に会うことを要望しており、もしよければ会見を準備することも可能で、彼らには騒乱や攻撃性がなく、意義深いものである」と書かれており、マッケロイ氏は「この文書の内容からは希望に満ちた印象を受けた」といっている。

このように、イギリスの海軍元帥や国防参謀総長など軍のトップにあったマウントバッテン卿に接触して地球の未来を変えようとした宇宙人、理解しそうな天文学界の有力者に会って地球の状況を確認しようとした宇宙人、またアメリカ大統領に真摯な姿勢で交渉しようとした地球在住の宇宙人、といったような報告は、ジュネーブのナホン教授のもとに各国からおびただしい件数が寄せられていたに違いない。

●地球に突きつけられた宇宙人からの最後通告

そうした宇宙人と政府や軍との接触事件の一部が漏れて、フランス国内で報道されたことがあった。それは、1951年に公開された「地球の静止する日」という映画が、実際に起きた事件を描いたものだ、という情報だ。「映画の内容と95パーセント同じ事件が、アラスカの州都ジュノーで1948年に起きていた」とフランスの新聞が報じていた。

たしかに、事件の前年、戦後の冷戦下でソ連に対抗し、アメリカ統合軍下にアラスカ軍が設立され、もともとは原住民の敷地だったジュノーに海軍司令部が置かれている。そうした施設にメッセージを携えた宇宙人が着陸したようだ。
映画のストーリーでは、ロボットを連れて着陸した宇宙人が、「地球の人々は戦争を放棄して、平穏に宇宙の世界に加わるべきである。さもなければ自らを破滅させるだろう。決定はあなた方にかかっている。このことを認識してもらうために、私は世界中の電気製品や配電網をすべて停止するつもりだ」と最後的な警告を与える。だが、宇宙人は軍の攻撃を受け負傷する……。

この時代に大国間でどうにも止まらなかったのが、原爆と水爆の核実験競争であった。宇宙人側はそれを必死で阻止するために、最後通告とも取れる脅迫的手段に出てきた。このことは「ジュネーブ四巨頭会談」を提唱したナホン教授がはっきりと言明したことだ。

巨頭会談が開催された1955年7月18日、ニュースは世界を駆けめぐった。フランスではナホン教授がこの会談の提唱者であることが知られていたので、教授の発言内容を会談初日のニュースと同時に配信している。日本では朝日新聞がAP電として巨頭会談開催当日に、トピック扱いながら会談開催を報じる全面トップ記事の次ページで掲載している。

――世界惑星協会ではこのほど、四大国巨頭会談を開くことを決定したのには〝秘密の理由〟があると発表した。これは同協会から四巨頭にあてた覚書のうちに述べられているが、同協会総裁ナホン教授の語るところによると、その〝秘密の理由〟とは、ある惑星の住民から〝イギリスとソ連の原子力工場を破壊する〟と地球へ最後的警告が寄せられており、これといかに折衝するかを討議するためだそうだ。覚書は「原子力の利用は平和的であっても、宇宙の崩壊をもたらすものであり、惑星の住民はよくこの危険を知っている。そしてこれらの惑星からの攻撃を阻止する唯一の方法は原子力を放棄することだ」と述べている。（ＡＰ）――

この報道は日本ではちょっと謎めいて見られたことだろう。まず「世界惑星協会」とは何なのか。それと宇宙人からの最後的警告の理由は核兵器だけではなく「原子力の平和利用も宇宙の崩壊をもたらす」となっていることなどだ。

これらの謎を解くカギは、宇宙人からの要求ははっきりしているものの、それを受け取る各国の政府や軍、そして学界や経済界をも巻き込む地球側の状況にあった。いずれの分野のリーダーにも手に余るテーマなのだ。

まず、ナホン教授は出席する四大国の巨頭に対し会議のために覚書を提出する立場であったが、それはフランス政府からではなく会議の提唱者個人の形となってしまった。だが提唱理由は各国で起きた宇宙人接触事件であり、いわば問題は惑星間ということになるのだ。

ナホン教授がフランスの首相を通してフランス議会で巨頭会談開催の議決を行った１９５４

朝日新聞

巨頭会談きょう開く

冒頭に各基本演説

重視される非公式折衝

三巨頭まず顔合せ

対ソ一致行動協議

モロトフ・ダレス会談

諸国間に信頼

アイク、教会に祈る

西欧の団結を誇示

巨頭会談　独統一を最優先

NATO理事会で一致

欧州安全保障を支持

海外トピックス

巨頭会談開催の理由は

世界惑星協会では　このほど、四大国巨頭会談を開くことに決定したのには〝秘密の理由〟があると発表した。これは同協会から四巨頭にあてた覚書のうちに述べられているが、同協会総裁ナホン教授の語るところによると、その〝秘密の理由〟とは、ある惑星の住民から〝英国とソ連の原子力工場を破壊する〟と地球へ最後的警告がよせられており、これといかに折衝するかを討議するためだそうだ。覚書は「原子力の利用は平和目的であっても宇宙の崩壊をもたらすものであり惑星の住民はよくこの危険を知っている。そしてこれらの惑星からの攻撃を阻止する唯一の方法は原子力を放棄することだ」と述べている。（AP）

会談見守るチャーチル

米国のハリマン・ニューヨーク州知事は、チャーチル前英首相とは三十五年来知己の仲だが、このほどロンドンを訪問し、チャートウェルのチャーチル邸で昼食を共にした。そしてその時の印象を次のように米特派員に語った。これまで巨頭会談の実現に大いに努めて来たチャーチル氏は、こんど実現した会談には出席出来ないわけだが、同氏は歴史家の鋭い眼でこの会談を見守ることであろう。今度の巨頭会談に対して同氏は英国の政策を独裁しているような様子を避けることに極力努めている。（AP）

写真⑦　1955年７月18日付「朝日新聞」

年7月の時点では、首相の補佐役的立場で状況判断を行えたが、いよいよ世界各国が動き出してくると事情が異なってきた。たとえばフランス議会への議案提出に先立つ5カ月前に、そのニュースがイギリスで流れた際には「軍事秘密会議」となっていたように、開催理由は公開できないという方針をイギリスはとっていた。

この方針は、2010年に公開された数千ページものイギリスのUFO機密文書で明らかになる。

それは「第二次大戦中にイギリス空軍のパイロットがUFOに遭遇した情報を当時のチャーチル首相が50年間封印するよう指示していた」というものだ。

その文書によると「空軍偵察機が任務を終えてイギリスに帰還する際、UFOに遭遇したが、UFOは空軍機の近くで空中に音もなく停止し、その後飛び去った」という。そして「チャーチル氏は訪米した際に、当時のアイゼンハワー連合国軍最高司令官とUFO問題について協議し、民衆の間にパニックを招き、宗教心の破壊にもつながりかねないので、機密扱いにすべきだとの考えを伝えた」というのだ。

また、95年の機密文書には、「民間機の機長が報告した情報によれば、マンチェスター空港に接近していた際に、UFOとニアミスし、地上からの目撃者によると、その物体はサッカー場の約20倍もの大きさがあった」などと書かれた部分もある。

アイゼンハワーが連合国最高司令官であったのは1945年末までだから、チャーチルが「UFO機密扱い」を依頼したのは第二次大戦中で、すでに戦時中から世界的にUFOは隠蔽するという方向にあったのだ。

軍事、政治、学界、経済界のいずれも、この宇宙からの脅威に立ち向かうことはできず、動きがとれなかったといわざるをえない。心理学や哲学といった分野にいたナホン教授だからこそ、解決の糸口を見すえることができたのだ。フランス議会がナホン教授の提案を議決して巨頭会談が開催されることになったものの、世界は教授の思惑とは違う方向に進み出したのである。

ジュネーブ会議の日程は、初日に四巨頭がそれぞれの国家の立場を表明するあいさつが行われたあと、以後の議事は、ほとんど非公開の会談となっていたことが新聞のトップ記事から見て取れる。その非公式会議でどのような話し合いがなされていったかは、以後の歴史が明らかにしていったといえる。つまり、その後起きたロシアの核プラント工場やアメリカのミサイル基地へのUFOによる攻撃事件、大規模な停電騒動の発生、世界的な宇宙開発のスタート、大量輸送用の巨大UFOの出現などである。

フランス議会が教授の提案を議決した2カ月後の1954年10月28日、つまりジュネーブ会議が開催される半年以上前に、ナホン教授はスイスのローザンヌで自分の組織を立ち上げることにした。それが「世界惑星協会」である。宇宙人からの要請事項を情報収集した過程で形成された世界各国の政治家、学者、作家、ジャーナリスト等との連絡網に、この組織から重要な案件や論説を毎月発行する機関紙「惑星協会通信」で伝えていった。

この機関紙の論調は、地球人類に対するナホン教授の壮絶な叫びが込められている。同時に、世界中から集まってきた宇宙人遭遇事件で明らかになってきた地球の未来像を暗示するものでもあった。

LE COURRIER
INTERPLANÉTAIRE
Journal international
Alfred NAHON
Vaisseaux de l'espace ou « soucoupes volantes »
- Astronomie
- Astronautique
- Sciences
- Techniques
- Astrologie
- Mondialisme
- Action antiatomique

Appel aux élites, à la presse, aux gouvernements

Alfred NAHON

写真⑧　ナホン教授の「惑星協会通信」

●メッセージは地球の運命を予見していた

最重要のテーマは、ジュネーブ会議に出席した四巨頭に渡された教授の覚書に述べられていたとおりだ。

「ある惑星の住人から地球に最後的警告が与えられた」とあり、さらにはっきり書かれていたことは「原子力の利用は平和的であっても、宇宙の崩壊をもたらすものであり、惑星の住民はよくこの危険を知っている。そしてこれらの惑星からの攻撃を阻止する唯一の方法は原子力を放棄することだ」と述べられていた。

この警告は、今日の原子力発電の現状をみると、的を射た忠告だったことがよくわかる。「原子力の平和的利用」とは原子力発電にほかならない。原子力発電による高濃度の放射性廃棄物処理の現状を見る限り、「宇宙の崩壊をもたらす」という表現にぴったりである。現状では地下に埋設し、安全なレベルになる10万年後まで保持するというが、地下水の腐食などで危うい方法であることがわかってきた。災害や人為的過失で放射性廃棄物が流れ出せば、解決の糸口が見えない状況が地上に広がる。

ジュネーブ会議に先立って四巨頭に配布されたナホン教授の覚書で警告されたこの問題について、全く意に介さないような話が未公開会談で話し合われたのであろう。会議が終了した2カ月後に出された協会通信の第10号に「人間に対する日常的陰謀としての原発の危険性」として以下のように記されている。

「原子力エネルギーの真実を隠そうとしても、その恐怖は広まっている。黄金時代という約束の下に偽装された死すべき産業に、ばく大な資金を投資したということは、その原子のエネルギーによる世界の終わりの始まりを暗示しているのだ。それは太陽エネルギーなどにとって替えられなければならない」

国家的事業となっていたエネルギー産業は、原子力発電に注目し、すでに巨大な投資を行っていたのであろう。そういう彼らに宇宙からの声を受け入れるゆとりはなかったようだ。

同様なことは軍事関係者にもあてはまり、原水爆実験の継続とミサイル兵器への転用を止めることはできなかった。同号の惑星協会通信には「2年以内に地下で四つの水爆を実験しようという非常識極まりない計画がある」と書かれている。

地球人が勝手に核戦争するなら自滅すればいいと思っているわけではないだろうが、宇宙人たちは大気圏外の核実験を特に警戒していたといわれる。それはまだ地球人が知らなかった宇宙に広がる惑星を守っている電磁的保護ベルトの破壊につながるからだったようで、その破壊は太陽系全体の電磁的バランスをも不安定にすることが考えられるという。そういう宇宙人たちの要求に対し「それなら地下ならいいだろう」という発言だったのだろうか。ともかく現在は大気圏外、つまり宇宙での核実験は完全に禁止されている。この時代に核を所有していたのは出席した四つの国だけだったのには意味があったのだ。

原子力発電所の事故とか核爆弾を使った全面戦争といった核の誤用が、地球という惑星の終焉《しゅうえん》を意味していることは今でも変わらない。

巨頭会談においてそれらを完全に無視することはできなかったはずで、軍や経済界の暴走はあるものの、宇宙人に対する対応を放置するわけにはいかず、全世界が宇宙の実態を調べる必要があるということで一致したのである。

惑星協会通信によると、「テレビカメラを装備したリモートコントロールのロケットを月に送り込むことが突然決定された」とある。この根拠となった「パロマー山の天文学者の観測」がすべて公表されなかったと指摘している。それは月面にある人工的建造物や巨大な宇宙船の写真を含んでいたという。

また「2年後に迫る火星の接近時に異様な関心が集中した」とし、再度の宇宙船の集中的飛来を警戒していたようだ。

現在につながる宇宙開発は、こういう形で始まったということを忘れてはならない。

会議の議長を務めたアメリカのアイゼンハワー大統領は、最終日である7月23日の閉会演説で次のように述べている。

「このたびの会談は歴史的な会議であった。しかし会議全般の真価については、歴史だけが物語ってくれるであろう。この会議の価値をはかるうえで決定的な役割をはたすのは、それぞれの政府がこの会議を皮切りに、今後どのような努力を続けていくかである……」

まさにその言葉通り、1週間後の7月29日に「アイゼンハワー大統領は人工衛星を打ち上げる計画を承認した」というニュースが流れ、翌30日にはイギリス、ソ連もそれぞれ人工衛星を打ち上げる準備をしていると発表した。人類初の人工衛星スプートニク1号が打ち上げられるのはその2年後であった。

●宇宙人が伝えようとした最大のテーマ

しかし、ナホン教授の1955年の論調には、別の不気味な予兆を感じさせる部分がある。「飛行機の不思議な爆発と墜落、自然の災害、天変地異、地球の縦揺れ……」といった言葉が続く。これは核とは関係なく、宇宙人とのコンタクト事件で出てきた事柄であろう。それぞれの具体的な内容も関連性も説明はされていないが、何かの変動があり、そのために人間や自然界に影響が出ることを示唆しているように思われる。

実は最初の人工衛星が打ち上げられる2カ月ほど前の1957年7月1日から、「第1回国際地球観測年」が始まっている。この目的は「太陽の磁気が地球に与える影響」を研究するためだった。地磁気、地殻、電離層、宇宙線、太陽活動などを国際協力で調べようとしたのだ。しかも、それらのテーマのための観測機器をアメリカとソ連の最初の人工衛星は搭載していたのである。それによって得られた成果として出てきたのが地球の磁気圏で形成されるバン・アレン帯の発見であり、地殻の巨大構造である太洋の中央海嶺とプレートテクトニクス説の確認だった。

つまり、宇宙人からの警告の中に、何らかの理由のために「太陽風と地球の地殻を研究するために人工衛星を打ち上げよ」という忠告があり、そのことがジュネーブ会議の決定事項としてあったに違いない。それくらいのタイミングでなければ関連した観測機器を備えた衛星の打ち上げに間に合わないだろうからだ。

あるいは、宇宙人が地球の宇宙開発技術者の中に交じって協力したことも考えられるのだ。戦時中にドイツで液体燃料推進の誘導ミサイルV－2を成功させ、「ロケット工学の父」といわれたヘルマン・オーベルトが「宇宙人の協力がなければ宇宙開発はできなかっただろう」と発言したといわれる。そしてジュネーブ会議の前年である1954年11月21日に「UFOの実在を認める」声明を発表しており、それ以後のUFO国際会議などでたびたび同様の発言をしているのは興味深いことだ。

宇宙人は、地球の人類が宇宙開発を促進し、太陽活動と地球の地殻を調べることによって、宇宙的な変動にそなえさせようと考えていたのであろう。

そして「人類が生きのびるには世界を変革することが必要である」とナホン教授はくぎを刺す。結局そのためだと思われるのだが、世界惑星協会を設立した目的は「地球外の宇宙船についての真実を広め、他の惑星の住人とコンタクトする人物を準備すること」だったと述べている。そして「これは達成された」といっている。ナホン教授の情報リストには、これまで見てきたようなUFO着陸事件や宇宙人とのコンタクト事件に関する非常に多数の実例が集まっていたことで、宇宙的交流のための人員は十分だと考えたようだ。

とはいえ、今日までUFOや宇宙人の真相は一般に知られることなく時が過ぎ、現在の宇宙開発の実態の裏にしまい込まれてしまっているのだ。ナホン教授はそれを予想しているかのように「何人かの人が目覚めている。学者、作家、ジャーナリスト、政治家……。しかし、これでは不十分だ」とし、なぜなら「真実に抵抗する力は依然として強く、人々の関心は高いけれど、世界が変化するということに積極的でないからである」と述べる。

そしてそれは「真相が心地よいものでない」からであり、「われわれの主張そのものが、真相が隠される理由となっている」としている。

その真相が何であるかは、私が入手した範囲の彼の論説のなかには明確に述べられていないが、UFO現象の実態とともに、それに乗ってやってくる宇宙人が地球に突きつけた重大なテーマ、つまり太陽系規模の変動に関係していることが見えてくるのである。

「いくら時間が引き延ばされても、真実はおのずから知られるものである。危険にさらされている地球に、目覚める時を告げる鐘は鳴った」というのがナホン教授の意志であろう。

第四章　宇宙時代は地球開星の前奏曲

●UFO問題で人類が直面したテーマ

第二次世界大戦に突入してから、UFOが地球の空に頻繁に現れるようになっても、チャーチル首相がその実態を公表することを拒んだ理由は、単に市民がパニックを起こすことを危惧しただけでなく、ある事実が浮かび上がってきたからだ。

前章で述べた、チャーチルがアイゼンハワーに「UFOの存在を機密扱いにしよう」と言った理由の中に、「宗教心の破壊につながるから」という言葉があることを思い出してもらいたい。その真意は、UFO事件から判明してきたことの中に、われわれの歴史観を破壊する要素があったのだ。この事実が決定的となったのは、UFO時代の幕開けとなった1947年である。

この年にケネス・アーノルドの目撃事件で「空飛ぶ円盤」という言葉が生まれ、ロズウェルなどでUFO墜落事件が起きているが、ニューメキシコで見つかったUFOの残骸の中に、旧約聖書時代のヘブライ語の文書が発見されたのである。

UFOの乗員、つまり宇宙人が、人類の古い歴史書の中に地球飛来の痕跡を残していることにいち早く気付いていた各国の情報機関は、私が『宇宙人はなぜ地球に来たのか』で詳述した1917年に起きたファティマ事件のころから、重大な研究テーマだと位置付け、情報収集と分析を行っていたと推測できる。

その実態は、近年公開された、数万枚にものぼるイギリス、カナダ、フランス、デンマーク、ブラジル、アルゼンチン、メキシコ、エクアドルといった国々からのUFO文書類や、アメリカの情報自由化法で引き出された開示文書、そして関係者による証言などによって気付くことができるだろう。

たとえば、ニューメキシコ州の空軍基地に所属していた軍人が、1948年に基地内で見た、墜落UFOに関する報告書である。この軍人はその内容を退役後に家族にこっそり打ち明けていたが、そのことが公になったのは1991年であった。内容は「飛び散ったUFOの残骸から古いヘブライ語聖書の遺稿が発見され、ハーバード大学の学者たちに渡された」というものであった。その遺稿は専門家でも解読が難しく、のちに国家的暗号解読チームが取り組んだ結果、信じられないほど古い原ヘブライ語で書かれた写本であることが判明したという。この軍の基地にあった報告書に関する検証は、日本でも翻訳された『ペンタゴン特定機密ファイル』に詳しい。

UFOの中に、ヘブライ語で書かれた文書があったということは、まぎれもなく宇宙人の地球飛来の痕跡の一つであろう。しかも非常に古い時代からである。ここに、近代になって宇宙開発を促したUFO大接近事件の背後にひそむ重大なテーマを解くカギが存在している。

●クムラン洞窟にあった宇宙的痕跡

宇宙の先進文明が地球に接近してきた理由は、この太陽系の差し迫った事態の発生を控え、地球人の世界を存続させるためのプランに沿って行動を実行することだったと判断できる。そのプラン、つまり計画は、「スペースプログラム」と名付けることができるだろう。

宇宙人たちがこの計画を完成させたのは、UFOの中に見つかったヘブライ語文書が書かれた時代だったようだ。

年代的には、紀元前600年ころのカルデア（新バビロニア）王国時代になる。ヘブライ人のユダ王国が滅び、新バビロニアのネブカドネザル2世の捕虜となった若い気鋭の聖職者たちなどが、旧約聖書の大預言書といわれるイザヤ書、エレミヤ書、エゼキエル書、ダニエル書などを遺《のこ》した時代である。

これらの大預言書は、いずれも宇宙人との遭遇を書いたものだという見方があがり、たとえばNASA（アメリカ航空宇宙局）のアーサー・オルトンという科学者が、「エゼキエル書は、紀元前600年ごろに起きたUFOの着陸事件を記録したもので、宇宙船の形や降りてきた宇宙人の着けていたヘルメットやマスクを描写している」という説を1961年に発表している。

ヘブライ文字は長い年代を経て多くの書体の変遷があり、古い時代ほど解読が困難といわれ、一説にはＵＦＯの中にあった文書は「古代カルデア人の記号文字」だったという指摘もあるほどだが、結局、アメリカの国家的解読チームがたどり着いた結論は、不思議なことに、ロズウェルにＵＦＯが墜落したのと同じ１９４７年に地球の反対側で偶然発見された「遺跡」の中から出てきた「写本」と一致しているというものだった。

この遺跡こそが、宇宙人たちの計画である「スペースプログラム」を解くカギになる。

写本が発見されたのは、エルサレムの東にある死海の北側であった。この辺りはヨルダン川の河口で、あたり一帯に「クムラン洞窟群」が散在している。その洞窟の一つに、１９４７年２月、羊を追っていたベドウィンの牧童兄弟が偶然迷い込んで出くわした壺の中にあったのが、世にいう「死海写本」であった。

やがて、調査隊が近辺の洞窟や廃墟から膨大な量の皮紙《ひし》や巻物、そして遺物を見つけ、数年のうちに「世紀最大の考古学的発見」だと評されるようになった。

では、「死海写本」を書いてクムラン洞窟に隠したのはだれだったのだろう。

クムランにいた紀元前１００年以降の人々だろうか。

あるいは、写本の元となった旧約聖書の原典が書かれた紀元前６００年ころのカルデア王国時代の大預言書を書いた人々だろうか。

場合によってはその両者である可能性もある。

●旧約聖書の預言書に書いてある警告

墜落UFOの残骸分析に関係したほかの情報機関員の証言によると、UFOの中にあったのは旧約聖書のダニエル書の写本だったという。実は、私が1992年に渡米したとき接触した情報機関関係者も、それと同様な主張をしていたのを思い出す。そして彼らは同じ部局に所属していたことが最近判明して、なるほどという思いを抱いている。

とにかく、合衆国の公式機関がUFOから回収されたダニエル書を膨大な時間をかけて分析しているのである。分析に時間をかけたのは、ダニエル書に記述されている未来世界の幻に関する部分であるが、およそ2500年以上にわたる未来世界を説明していると思われるその部分の前提となる、宇宙人との遭遇部分を見てみることにしよう。

ダニエル書の第7章13節には次のような記述がある。

見よ、人の子のような者が、
天の雲に乗ってきて、

日の老いたる者のもとに来ると、
その前に導かれた。

内容は、前後の流れから、「夜間に、物体の前に導かれた」のは、記述しているダニエル自身であることがわかる。

状況は「空から雲のようなものに乗ってきた者があり、目の前に日没の太陽のように赤い物体が現れ、そこから人のような形で天使が現れた」ということになるだろう。

物体から現れた天使はガブリエルといわれ、聖書辞典によれば、ダニエルに対し「バプテスマのヨハネの誕生と、イエスの誕生を告げるために遣わされた」天使だとされている。

だが、イエスも、イエスに洗礼を与えるヨハネも、生まれるのは、ダニエルがガブリエルに遭遇したこのときから500年以上も後のことだ。

さらに、8章15節以降では、

われダニエルはこの幻を見て、その意味を知ろうと求めていた時、見よ、人のように見える者が、私の前に立った。……

するど彼は私の立っているところにきた。私は恐れて、ひれ伏した。しかし、彼は私にいった、

「人の子よ、悟りなさい。この幻は終わりの時にかかわるものです」。

彼が私に語っていた時、私は地にひれ伏して、深い眠りに陥ったが、彼は私に手を触れ、私を立たせて、言った、「見よ、私はいきどおりの終わりの時に起こるべきことを、あなたに知らせよう。それは定められた終わりの時にかかわるものであるから。……先に示された朝夕の幻は真実です。しかし、あなたはその幻を秘密にしておかなければならない。これは多くの日の後にかかわることだから」。


つまり、ダニエルは空から（UFOで）やってきた天使（宇宙人）ガブリエルから、二つのことを伝えられている。

一つは「終わりの時」の地球の様子と、もう一つは「キリストとヨハネの誕生」である。この二つのことは、ダニエル書が記述された時代より、はるか未来のことになる。「キリストとヨハネの誕生」は、600年ほどのち、つまり紀元前1世紀であり、「終わりの時」はもっと未来でのこと、どうやら20世紀以降のことである。

だが、「終わりの時」は「さだめられた時」だとされている。そしてその内容は、はるか未来のことだから「秘密にしておかなければならない」というのだ。

しかし、情報機関の暗号解読チームは、ヘブライ文書の隠された未来像をつきとめたようで、私が入手した文書によると、「聖書中の予言類は暗号で書かれ、隠されている」とし、解読に必要な詳しい言語学的暗号コードを説明している。ところが、その筆者は結論にいたる前に、「聖書予言の30パーセントは20世紀以降について書かれているが、カルデア文字の聖書全体の20パーセントは現代のキング・ジェームズ版には出ていない」として、記述を放棄し、数千年の人類史を何とかたどってはいるものの、結論があいまいになっている。

●ダニエル書の予言

現在の欽定訳（キング・ジェームズ版）聖書のダニエル書には、どのようなことが書かれているかを簡単に説明してみよう。

モーセがカナンの地にたどり着いてから、ダビデやソロモン王が引き継いだヘブライの国は、ユダ王国とイスラエル王国に分かれる。そして紀元前7世紀に新バビロニア王国に滅ぼされ、知識人は国王のネブカドネザルに捕えられて「バビロンの捕囚」となっていた。そんなとき、王が見た幻の解釈に挑み成功するという筋書きである。

王が見た幻は、その後の600年間ほどの、オリエント地方における国家の栄枯盛衰予言と思われるが、後半から前出の「終わりの時」に関する時代描写が出てくる。このあたりから言語学的暗号コードが含まれ、どうやら、カルデア文字の原版からみると、現在われわれが手にできる聖書には一部欠落している部分があるらしい。

ここで注意しなければならないのは、一般に流通している「死海写本」文献の発掘物リストには、このダニエル書に関する言及がほとんど見当たらないことだ。もっぱら情報機関関係者の資料のみである。

その理由は、発見初期のニュースによると、ヨルダン政府はすぐにこの一帯を軍用地として封鎖してしまい、この地域に出入りを許されたのはタアミーレ族というベドウィンだけだった。彼らは独占的に洞窟から写本を収集し、ほとんどの旧約聖書を完成させていたといわれ、ダニエル書を含めすべてそろっていたことになる。これらを骨董屋が安く政府に売り渡し、その後散逸してしまったことが考えられる。

このような事態になってしまったのは、長い間「死海写本」の重大性に気付いた人がほとんどいなかったからだといわれ、またキリスト教神学者や教会関係者が「古文書の内容がキリスト教の基本的な教えの数々を覆すかもしれないことを恐れていた」(『ハーパーズ・マガジン』1966年8月号)からである。

そしてさらに、発見初期に収集された遺物がエルサレムのパレスチナ考古学博物館に集められた際、一部が別管理になったためだともいわれる。それは、この博物館がロックフェラー財団の管理下にあり、墜落UFOとの関連から情報機関がいち早く掌握してしまったからではないだろうか。

ともあれ、不完全であるにせよ、現代版の欽定訳（キング・ジェームズ版）聖書にもとづく聖書辞典で、ダニエル書の中で「イエスとヨハネの誕生を告げるために天使ガブリエルが遣わされた」としているのは、ダニエル書の最後の第12章5節以降の部分である。

そこで、われダニエルが見ていると、ほかにまたふたりの者があって、ひとりは川のこなたの岸に、ひとりは川のかなたの岸に立っていた。わたしは、かの亜麻布を着て川の水の上にいる人にむかって言った、「この異常な出来事は、いつになって終わるのでしょうか」と。かの亜麻布を着て、川の水の上にいた人が、天に向かって、その右の手と左の手をあげ、永遠に生ける者をさして誓い、それは、ひと時とふた時と半時である。聖なる民を打ち砕く力が消え去る時に、これらの事はみな成就するだろうと言うのを、私は聞いた。

以上の幻を、天使ガブリエルはダニエルに告知しているのである。

川岸に立つふたりの人物こそ、キリストと洗礼者ヨハネである。「亜麻布を着て水の上にいる人」とはキリストにほかならない。そしてキリストに「最後の時」の異常なこと、つまり大変動としての天変地異は、いつ終息するのかとダニエルはたずねているのだ。それはあの「ハルマゲドンという地で起きる戦争と未曾有の天変地異ののち、偽りの都が滅びるとき」であると、キリストは答えた。これは新約聖書の最後にある「(使徒)ヨハネの黙示録」第16章以降に述べられていることと同じでもある。

ダニエル書では、600年後に生まれるキリストの出現をはっきりと予言していたのである。さらに「死海写本」の発見によって、暗号化された古代ヘブライ語が解読され、天使たち、つまり宇宙人による予言的計画性が明確になってきたのだ。

ここで重要なのは、21世紀の現代における地球が「最後の時」とどう関連づけられるのかということになってくる。

おそらくは、ジュネーブ会議のときに宇宙人たちの警告で仕込まれた、地球観測年における太陽風や地磁気といった、人工衛星に搭載された宇宙での計測機器による探査内容に関連しており、ナホン教授の当時の言葉の中にあった「自然の災害、天変地異、地球の揺れ……」といったことに、そのことが含まれていると私は考える。けれども、ナホン教授はそこまでの長い時代にわたる宇宙人の計画、つまりスペースプログラム的な洞察にはいたらずに、当局の態度に激怒し、また落胆したのかもしれない。

実際のところ、UFOから回収したヘブライ語の内容から、NSA(国家安全保障局)の上層部は「キリスト教の基盤は、実は宇宙からの謎の旅人による地球来訪をゆがめて語ったものにすぎない」と判断し、この事実を公表することは難しいと考え、一般大衆から隠したのだと思われる。この意向はチャーチルの判断と同じでもある。そして、死海文書の解読が進められた直後には、バチカンとの情報共有が図られたともいわれる。たしかにダニエルが見た未来のことは、いまだに隠されたままである。

だが、宇宙開発がここまで進み、キリストと洗礼者ヨハネ、そして使徒ヨハネについても新たな発見の流れが生まれてきており、それによってダニエル書の驚くべき内容とその真意が明らかになってきた。

●エルサレムの東方で宇宙人と交流した人たち

ダニエル書から解き明かすべきことは、天使が告げた「終わりの時」と「キリストとヨハネの誕生」そして、「UFOに乗ってきた宇宙人とダニエル等の遭遇」の関連性である。

そのためには、UFOの中に存在した写本の文字と同じ書体の文書をクムランに隠した人々の素性を明らかにしなければならない。

「終わりの時」は「さだめられている」が「秘密にされる」とダニエル書にあるとおり、「死海写本」が発見されるまでは、解読のキーとなる、死海の周辺に住んでいた宗教集団であるエッセネ派は、世界的にほとんど知られていなかった。

だが、「終わりの時」が近づいたのであろうか、ナホン教授が「危険にさらされている地球に、目覚める時を告げる鐘は鳴った」と惑星協会通信に書いた真意が現実となってくる。「死海写本」を記述して洞窟に隠したエッセネ派宗団と、キリストやヨハネたちとの関係が明らかになってきたのである。

「死海写本」の発見以来、多くの研究者がクムラン遺跡の解明に取り組んだことによって、古代歴史家が残していた文献の中から、エッセネ派宗団の正体が明らかになってきた。

たとえば、キリスト以前の紀元前2世紀ころから、この地方で「エッセネ人やナザレ人と自称する人たちが、注目すべき神秘主義運動を起こした」と、西暦70年にエルサレムにいたユダヤ人歴史家フラヴィウス・ヨセフスは「ユダヤ戦記」に記している。そこには「彼らは道徳的には優秀な人たちで、その土地のいたるところに住んでいて、総勢で4000人くらいだ」と記されている。

それらの資料に基づいて、1951年から5年間をかけ、ヨルダンの考古学事務所とエルサレムのドミニコ神学協会によって、クムラン地域の精力的な発掘が行われ、ついにクムラン修道院の全貌が明らかになった。

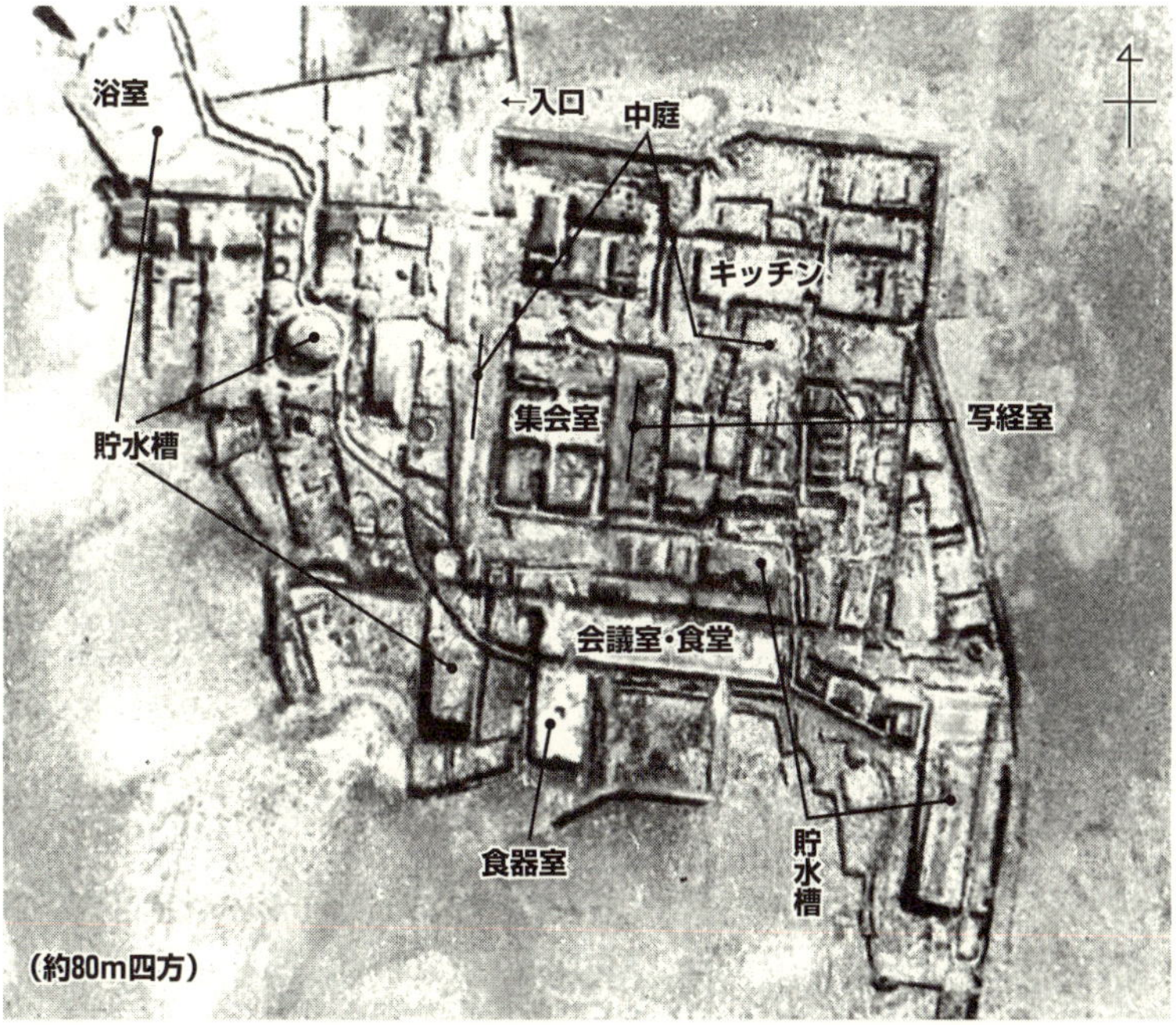

写真⑨　クムラン修道院の航空写真（「イエス復活と東方への旅」より）

この詳しい経緯については、『イエス復活と東方への旅』の中で、ドイツの宗教史研究家ホルガー・ケルステンが説明している。

それによると、クムラン修道院は「堅固な要塞化された壁に囲まれた広大な居留地で、中央の四角い建物にはいくつかの小さな区域と大きなダイニングホールがあり、他の建物には洗礼のための浴室があった。これらの周りには13カ所ほどの井戸が隣接しており、複雑な水路システムが周囲のすべての施設に水を供給していた。また施設の中央部にはインクの壺が供えられた石のテーブルのある書斎、つまり写字室（写経室）があった。近くの洞穴にあった大半の写本は、ここで創作されていたと思われる。この修道院には紀元前8世紀のはじめごろから人が住んでいたが、バビロン追放の時代には一度捨て去られ、紀元前175年以降再び居住が始められた」という。

つまり、紀元前7世紀のダニエルが宇宙人に遭遇した新バビロニア時代と、キリストが生まれた紀元前1世紀ごろの2回にわたって、この要塞化された修道院が使われたことになる。

ということは、この修道院は宇宙人たちの出先機関となっていて、いわば「スペースプログラム」の前進基地だったと思われる。だからこそ、戦後ニューメキシコで発見されたUFOの中に、原文としての「スペースプログラムの計画書＝ダニエル書」が発見されたのである。

このクムランの修道院が使われた最初の時代は、立案されていた計画が決定された時代であり、その次の時代は、計画の中心人物であるキリストとヨハネたちが活躍した時代であることがわかるだろう。その両者の時代に機能したこの施設が、どのような使命を遂行したのかを探ってみよう。

●キリストとヨハネを養育した人々

クムラン洞窟群の中に存在したエッセネ派の修道院は、死海沿岸から西へ1キロほど内陸に入った傾斜地にあり、山からは幾筋ものワディと呼ばれる渓谷が死海へ流れている。イエスがヨハネの手で洗礼の儀式を体験したのは、その修道院から見えるヨルダンの堤であった。洗礼後にイエスは一人でこのあたりに広がる荒野で40日間の修行をしたといわれ、発掘された写本の中でも、クムランの隠遁者《いんとん》はこの地域を「荒野」と述べている。

しかし不思議なのは、エッセネ派のことは新約聖書の中にはいっさい出てきてないということだ。その理由は、故意に隠されたからだといわれており、なぜ故意に隠されたかといえば、キリスト教がローマの国教になろうとする過程で、この集団があまりにも異質で厳しい価値観を秘めていたからである。

たとえば、エッセネ派の教理の中には、根強く「生まれ変わり」と「カルマ」の思想が存在している。それはそのはずで、スペースプログラムでは、「イエスという魂が生まれ変わって誕生する」という計画になっており、それを数百年も前のダニエルに与えられたことを守り続け、この時期に実現するためにエッセネ派は活動していたからである。

「生まれ変わり」あるいは「転生」といわれる思想は釈迦の教えと同じである。ちょうどダニエルが宇宙人たちとコンタクトしていたころは、インドで釈迦が仏教を広めつつあった時代で、宇宙人たちのスペースプログラムが全地球的な計画であることを表しているのがわかる。

エッセネ派と仏教思想の関係、ならびにキリスト教が人の生まれ変わりについてなぜ否定することになったかに関する興味深いいきさつは、前出のホルガー・ケルステンの著作（206頁）に詳しく述べられているので、ぜひとも参考にしていただきたい。

さて、現在の「旧約聖書」にも「新訳聖書」にもまったく記載されていないし、1947年に「死海写本」が発見されるまで世界の誰も注目していなかった、イエス誕生に重要な役割を果たした「エッセネ派」であるが、これについて、「死海写本」発見の10年も前から非常に詳しく述べていた人物が存在していたということをここで説明しなければならない。

1937年6月22日の午後、アメリカのバージニア州で、いつものようにソファーにゆったりと横になり、一見眠っているように見える一人の男が語り始めた。

「この実体はイエス・キリストが地上におられたときに、その降誕された地にいた。そのころ、身体的のみならず、精神的かつ霊的な救いや理解を求めて、〔イエスの教えに〕耳を傾け、それを理解しようと集まってきた人々がいた。この実体は、当時聖なる婦人たちや教師や伝道者やイエスの使徒たちと親密な関係にある人々、マリア、マルタ、エリサベツなど多くの女性たちと共にいた。それらの人々は皆、当時の体験生を通じて、この実体の友人や仲間たちであった。というのも、この実体は当時、聖なる婦人たちの一人として神殿内での礼拝式をつかさどり、また〔地上での〕滞在期間におけるそれぞれの活動に一生を捧げる人々を教育する役目を担っていた。当時この実体は、今日ならばどこかの組織内で女子修道院長とでも呼ばれそうな存在であった。いわば、エッセネ派の組織内でエッセネ派信徒の教育を担当する、幹事のような存在だったのである」

「この実体……」とは、ソファーの横の椅子に腰かけていた老婦人のことである。ここで透視していたのは「奇跡の人」と呼ばれた超能力者エドガー・ケイシーだ。この一文は、目の前の彼女を透視して出てきた言葉で、透視していたのは彼女の前世についてである。そして彼女が前世にキリストが教育を受けたエッセネ派の施設で、責任のある仕事をしていたと述べているのだ。

エドガー・ケイシーは、距離的にはるか遠くのこと、そして、時間的にはるか昔のこと、さらには未来のことを透視することができた。生涯に約15000件の透視を行い、そのすべての記録がアメリカの財団施設にいまも保存され、日本のNPO団体「日本エドガー・ケイシーセンター」のサイトでも見ることができる。それらの記録は、前世透視を扱った「ライフ・リーディング」と、医療問題をテーマとした「フィジカル・リーディング」に大きく分かれている。医学で解明できない難病を、遠くにいても人体の中を透視してその原因をつきとめ、医薬や対処法を与えた実績は、いま特に注目されている。

そのエドガー・ケイシーの数多くのライフ・リーディングを通して、先の老婦人以外の女性たちが、エッセネ派の組織内のみならず、イエス・キリストの降誕にそなえ、教育およびその世話に関して重要な、決定的ともいうべき役目を担って活躍していたと話しているのだ。

そしてエッセネ派信徒たちは、そのほんの一部が、いわゆる修道院と称する所で一定期間生活していたにすぎず、他の何千人もの信徒たちは、中東全域に散らばって、全員が当時のユダヤ人の通常の生活と変わらない生活を営んでいたという。そして、彼らはみな、「自分たちの中からメシヤが誕生する」という信念によって互いに固く結ばれていたと述べている。

以上に関する検証は、『エドガー・ケイシーの死海写本』に詳しく論じられている。

歴史のかなたに埋もれて、専門家でさえ忘れ去り、世界の誰もが知りえなかったエッセネ派の存在が、エドガー・ケイシーの特殊な能力で、「死海写本」が発見される10年前に、詳細に記録されていたということは否定できない事実である。

●人間の生来の能力としての遠隔透視の実用化

ケイシーの能力は、非常に優れた遠隔透視であり、自意識がない状態で行われ、きわめて客観的で、遠隔地だけでなく過去や未来の景色を望遠鏡で眺めるような機能を持っていた。その状態になるときは自己催眠で入り、立会人の質問に答えてから、覚醒暗示で目覚めてわれに返るわけだが、終わったあとは自分がその間に何を話したのかまったく覚えていない。

ロズウェルで起きたＵＦＯ墜落事件や死海写本発見のころから、カナダ運輸省やアメリカの情報機関が必死でＵＦＯ関連の分析研究を開始していく中で、宇宙人遭遇事件に付きまとう不可思議な精神的コミュニケーションに注目し、いわゆる心霊的能力とか体外離脱体験における透視やテレパシー、あるいは念力などの研究と能力者による実験が続けられていた。１９７０年ごろになると、その成果として、諜報活動にＳＲＶ（サイエンティフィック・リモート・ビューイング＝科学的遠隔透視）が使われるようになる。それは他国の軍事情報収集が目的だったが、宇宙空間や惑星上のＵＦＯにからむ地球外知的生命体に関する情報収集も含まれていた。能力者が収集する情報の精度は人によって高低があるが、なんといってもエドガー・ケイシーはずば抜けていたといっていい。距離的な遠隔透視はもとより、時間をさかのぼる過去透視には、人の転生に伴う驚異的内容を含んでいた。また、時には念力現象さえ伴い、立会人が催眠状態で話しているケイシーに対し、話を止めようと「アップ」という言葉を発したとき、「上へ」と聞き取ったらしく、横たわったままのケイシーの体が空中に浮き上がったことがあったという。

遠隔透視による情報を受ける場合、途中で干渉が起きることに留意する必要があるようだ。ケイシーの場合、アカシック・レコードといわれる純粋な時空情報である場合と、何らかの人格的存在が関与する啓示があるとされる。特に未来に関し、関与する実体の判断によって、発生する事象には幅があり、いわば未来は人の意志や行動によって変わる部分があるということになる。つまり「預言」は推測にもとづく計画であるが、「予言」は現時点の未来像にすぎないという見方がされる理由であろう。

それはともかく、１９５０年代のはじめごろから、アメリカの情報機関はＵＦＯの残したダニエル書のヘブライ文字コード解読などのため古代史の資料を求め、ケイシーが残した財団である大学や医療施設も兼ね備えていたARE（研究と啓蒙のための協会）に何人かの調査員を送り込んでいたといわれる。

それにしても、彼らはUFO事件の背後にひそむ宇宙人たちの計画にキリストの誕生が関係していたことを突き止めることができたであろうか。

たとえ古文献の言語学的な暗号コードを解明していったとしても、生まれ変わりの根底にある人の魂や、その中に含まれるカルマ的因果関係を純粋に理解することはたやすいものではないだろう。さらに、魂に秘められた人類の運命を左右するような宇宙的計画性を情報機関のメンバーがつきとめることは困難であろう。軍事的透視のエキスパートがSRV能力を駆使して、宇宙における魂の進化の大規模な法則性を見極めることができるだろうか。おそらくはその法則性の根底には洗練された超常的感覚にもとづく宗教性が必要なのではないだろうか。

そう考えるのは、私が入手している情報機関員のヘブライ語解読の報告書が、そうした深遠性にいたらず、結論に到達しえていないからである。かといって私自身が解読に成功したわけではないが、考察しうる範囲においていくらかでも真相に近づけた部分があるので、もう少し推考してみたい。

●スペースプログラムにおけるイエスの任務

ケイシー・リーディングによると、旧約聖書に登場するヘブライの最後の預言者からイエスが誕生するまでの400年間、エッセネ派というグループは、「与えられたいにしえの約束を探究することと、その約束のために生涯を通して身も心も捧げていた」という。

彼らの目的は救世主の誕生の経路となるにふさわしい人物を育てることであり、彼らは預言者の学校の直系の魂を継ぐ者たちであったとし、その教育内容は、メルキゼデクの教えを継承するものであったとしている。

また、驚くべきことは、エッセネ派はイエス誕生直前の期間は「ユダヤ人であろうと非ユダヤ人であろうと同等にメンバーとして受け入れた」のである。それゆえ、当時は大きな国際的団体を持っていたといわれ、キリストが馬小屋で生まれたとき、東方から来た三博士とは、エッセネ派の国際交流の代表であったという。

しかし、グループは当時の律法学者たちからは異端視された。エッセネ派の集会はすべて秘密裏に行われていたし、多くの人々、特にパリサイ派のグループからは反逆者とか過激分子のように見なされていたと、ケイシーのリーディングは述べている。

ちなみに、リーディングにある「エッセネ派はメルキゼデクの教えを継承するグループだった」という言葉を説明すると、聖書によれば、メルキゼデクとは、ノアの孫のアブラハムが会見した天使である。

いっぽう、ヘブライ古文書の情報機関による解読によると、この天使すなわち宇宙人は「サレムという場所にあった宇宙基地の司令官で、地球の監督責任者」であったと位置づけている。そして、この地球監督者メルキゼデクが生まれ変わって紀元初年ごろにイエス・キリストとして降臨することになっていたというのだ。

いわば、今から2000年前のキリストの出現は、地域的で民族的なことではなく、地球の「終わりの時」に備えた国際的で歴史的な出来事であり、実に宇宙的意義を持つ事件だったということになる。

このプランニングによって生まれたイエス・キリストは、その後現代にいたるまで世界の歴史に大きな影響を与えたキリスト教を残したが、その教えにはさらに「終わりの時」に再臨するというプランが含まれていたのである。

第五章

「終わりの時」のキリスト再臨

●人の子が来る

キリストの再臨については、当局の解読を待つまでもなく、新約聖書の「マタイによる福音書」、「マルコによる福音書」、「ルカによる福音書」、「ヨハネによる福音書」、そして「ヨハネの黙示録」などに出ている。

マタイによる福音書の24章30節には次のようにある。

「そのとき（終わりの時）、人の子のしるしが天に現れる。そして、そのとき、地上のすべての民族は悲しみ、人の子が大いなる力と栄光を帯びて天の雲に乗って来るのを見る。」

しかし、「ヨハネによる福音書」には次のような説明がついている。

「天から来られる方は、すべてのものの上におられる。この方は、見たこと、聞いたことを証しされるが、だれもその証を受け入れない。」

終わりの時代に、キリストはまたやって来るが、彼の言うことを誰も認めないというか、理解しないのだ。このような状況にあるものとは何であろうか。

エドガー・ケイシーのリーディングでは、イエス・キリストの再臨の仕方について次のように述べている。

「……天使はどのように告げたか。『主が天に昇られるのを見たように、またいつか主が降りて来られるのを見るであろう』と告げたのではなかったか。これは単なる言葉なのであろうか。そうではない！」（リーディング番号1158‐9）
「……主は天に昇られた時のように、ガリラヤにおいて主が占有していた肉体を伴って、地上に戻って来られる。さよう主が形づくられた肉体、十字架にかけられし肉体、墓から蘇った肉体、海辺を歩かれ、シモンに現われ、ピリボに現われた肉体、そしてこの私ヨハネにすら現われた肉体。その肉体を伴って再臨されるのだ」（5749‐4・コリント第一 15章3〜8節参照）

現在の聖書にも書かれていることだが、キリストは2000年前に十字架にかけられ、一度死んでから復活して、多くの弟子の前に十字架にかけられた傷の残る同じ肉体で現れている。そして何度かは、天使の立ち会いのもと、天に昇っていくのが見られている。そのように肉体を持ったままで「終わりの時」にもイエスが降りてくるといっているのだ。

しかし別のリーディングには「再臨は、主を探し、主を待ち望む者にのみ起こる」（3615‐1）という記述もある。この言葉から判断すると、再臨は必ずしも大衆の誰もが自覚するものではないようだ。しかし、だからといって、幻を見るようなことではなく、理解する者にしか認識できないという意味になるだろう。

では、マタイによる福音書にある「そのとき（終わりの時）、人の子のしるしが天に現れる。そして、人の子が大いなる力と栄光を帯びて天の雲に乗って来るのを見る」というキリスト再臨の状況は、いつ起きるのだろうか。

ケイシーのリーディングには、はっきりと年号が入った部分が二つある。

「西暦1936年後半に主は姿を現されるであろう」というのと、

「地球の物理的変化が起きる1958年ごろからの時代は、雲間に再び主の光が見られる時代だと宣言されるだろう」である。

この重要なリーディングの前後に続く多量な内容は、当局の暗号解読でも把握していない事象が含まれているので、その詳細を紹介してみたい。

その前に、ここではっきりさせておきたいのは、エドガー・ケイシーが亡くなったのは1945年1月3日であるということ。ちょうど第二次世界大戦が終わった年である。彼はその後起きたロズウェルUFO墜落事件も「死海写本」発見も知る由もなかったのである。記録に残るこの時代に関する未来透視について、ケイシーの自意識では自覚することさえかなわぬ事象だったということだ。まぎれもなく時空を超えた情報をここで扱っているということを認識していただきたいと思う。

●「雲間の主の光」はUFO

エドガー・ケイシーが24歳で最初の透視リーディングを行ったのは1901年だったが、その5年前に、近代における最初の大規模なUFO事件が起きている（前著『宇宙人はなぜ地球に来たのか』134頁参照）。この年は、第1章の最初で触れたように、人類が原子核分裂による放射能を発見した年でもある。その後のケイシーの生涯は、第一次世界大戦、第二次世界大戦と続く時代の流れに翻弄される人生だったともいえよう。

2000年前にキリストが述べた「そのとき（終わりの時）、人の子のしるしが天に現れる」時代がこのときやって来ていたのではないだろうか。新約聖書にはその時代について次のように述べられている。

「……戦争と戦争のうわさを聞くであろう……民は民に、国は国に敵対して立ち上がるであろう。またあちこちに飢饉がおこり、また伝染病と地震があるであろう……多くの人がつまずき、また互いに裏切り、憎み合うであろう。また多くの偽預言者が起こって、多くの人を惑わすだろう。また不法がはびこるので、多くの人の愛が冷えるであろう。……そしてそれから最後が来るのである。」

ダニエル書第12章にも興味深い1節がある。

「……国が始まってから、その時に至るまで、かつてなかったほどの悩みの時があるでしょう。……賢いものは、大空の輝きのように輝き、また多くの人を義に導く者は、星のようになって永遠に至るでしょう。ダニエルよ、あなたは終わりの時までこの言葉を秘し、この書を封じておきなさい。多くの者は、あちこちと探り調べ、そして知識が増すでしょう」

最後のところは、「秘された言葉」や「封じられた書」が国家的情報機関によって「探り調べられ、知識が増す」ということなのだろうか。後述することになるが、現在はこれが進行中で、ヘブライ語の暗号コードの研究から、UFOテクノロジーに関する驚異的現象が起きているからである。

とにかく最近は、戦争があり、地震が起き、かつてない気候変動が続き、伝染病や飢饉があちこちで起きている。そして本書で述べてきたように、世界中でUFO出現事件が報じられ、その痕跡を探り、封じられた書の秘された言葉が解明されようとしている最後の時にさしかかっているように思われる。

この時代、「天に現れた人の子のしるし」であるUFOが「雲間の主の光」であるという意味が何なのか、ケイシー・リーディングの中から明らかになってくる。

●「その人は使徒ヨハネであるはずだ」

エドガー・ケイシーが人の生まれ変わりに関するライフ・リーディングを始めるようになった1923年ごろから、有史前の古代アトランティス文明滅亡の原因となった大陸規模の地殻変動に関する過去透視が出始めた。そして、やがて現在の地球も同様な変動期に入るという未来透視に連動していくようになる。当然、この時期は聖書にある精神的な変革をも含んでいたので、人々は真剣にその情報を求めるようになった。

1934年1月19日のことである。ケイシーの長男であるヒュー・リン・ケイシーが催眠状態の父親に次のように質問したが、このとき質問のテーマに関し、強い関心を寄せていた人たちが、隣の部屋にも待機して聞き入っていた。

このリーディングは、列席者の気持ちを反映して、異例の長さになっている。重要な部分を含んでいるので、後半の質疑応答部分をのぞき省略せずに記載し、解説してみたい。

以下が、エドガー・ケイシーへの質問とそれに対する彼の答えである。

1――ヒュー・リン・ケイシー

ここで私たちは、地上に近づきつつある霊的、精神的、肉体的変動に関して、隣室に出席している人々にとって価値があり、興味のある情報を求めています。他の人々と交流し、これらの変動について理解を促進するために、私たちがどのような役割を果たすことができるかを教えてください。

2――エドガー・ケイシー

よろしい、ここに集まっている方々のそれぞれは、独自の個人的成長をとげている。しかも、同胞への祝福の水路となるよう努めているために、普遍的情報の御座に自らを同調させている。そして、自分の経験において有益なもののみならず、他の人々の経験において助けとなり、希望となるものに自らを調和させている。

3――エドガー・ケイシー

この時点で、あなた方に与えられるような情報を通して、その源、その経路がやってきたことに関して、多くの人があなた方に疑問を呈するかもしれない。（しかし、）あなた方のそれぞれは、各自の成長の中で、それに値するほどの高みに達していることを知っておきなさい。また、自分独自の人生経験で、そして同胞への奉仕という面において、他の人々に与えることができるということを経験することで、有益で助けとなる光の領域に調和してきたし、現に調和していると知りなさい。

4――エドガー・ケイシー

これから説明を行うにあたり、多くの実体が臨んでいることを示す。その名を聞いただけで多くの人々に畏怖の念、また不信の念も、さらには驚きさえもたらす多くの実体である。

そのため、この情報は教育的かつ啓発的でなければならず、さらにその情報は自分自身の経験においても、同胞の人生経験においても、実際的なものとして示されなければならない。事の性質上、説明的なものでなければならず、また建設的なものであることが必要である。しかも……(中断あり) 説明的なものと啓発的、建設的なものはお互いが時折重なり合っていなければならない。

5――エドガー・ケイシー

はじめに断っておく――間もなくある人物がこの世界に入ることになっている。こちらにいるわれわれの仲間の一人である。多くの人にとって、宗派、思想、哲学、集団を代表する人物であった。それにもかかわらず、地上において神の普遍性が宣言されてきたあらゆる地で、万人に愛された方である。それらの地では、神としての天父の一なることが理解され、主の日を受け入れることを宣言する人々の活動の中で、意識的に(神の偉大さが) 増し加えられている。その方は地において愛された弟子、ヨハネである――この方の名はヨハネであるはずだ。そしてまた、顔と顔を合わせて神を見た場所（ペヌエル）にあった方（ヤコブ、後にイスラエルと改名。アブラハムの孫にあたり、イスラエル十支族の直接的な始祖：訳者註）でもある。

6――エドガー・ケイシー

この方はいつ、どこに居られるのであろうか？ 自らをかの経路となす位置に置いてきた人の心と精神の内にある！ その経路を通して、霊的、精神的、物質的な事柄は肉体の目的や願望と一体となるのである。

7――エドガー・ケイシー

人々への兆候ないし印（これは間もなく来、過ぎゆく）となる物理的変化について述べれば、古から伝えられているように、太陽は暗くなり、大地は方々で裂けるだろう。そうして、主の道を求めてきた人々の心と精神と魂における霊的傍受を通して、宣言がなされる。主の星が現れたこと、そして自らの至聖所に入る人々のために道を指し示すであろうと。なぜなら、人の心と精神の内にある、父なる神、教師なる神、指揮者たる神は、魂の探求において何よりもまず主を知ろうとやってくる人々の中では、「常に在る」はずだからである。というのも、主は人にとって最初の神であり、実例となられ、その人の心と行いの中に姿を現されるからである。そのゆえに、主は人々の前に顕現される。あなた方が人の子の間で数えている年数に従えば、主の年の1936年後半、主は姿を現されるであろう。

8――エドガー・ケイシー

地球の物理的変化について述べるのなら、地球はアメリカの西側で分断されるだろう。日本の大部分は海中に没するはずだ。北欧は瞬きする間にも変わるだろう。アメリカ東岸沖に陸地が出現するだろう。北極と南極に大異変が起こり、それが熱帯の火山噴火を誘発し、その後に地軸が移動するだろう。その結果、今まで寒帯あるいは亜熱帯であったところが熱帯となり、苔やシダの類が生い茂るようになるだろう。これらのことは、1958年から1998年の間に始まり、この時代は雲間に再び主の光が見られる時代と宣言されよう。その時、その季節、その場所については主の御名を呼び求めてきた者たちに、神の召命の印と神から選ばれた印をその体に持つ者にのみ、告げ知らされるであろう。

9――エドガー・ケイシー

地上の精神に関する事項について述べれば、山々に多くの人々がおおいつくすように求めるであろう。低い身分にあった者たちが国々の活動で政治や組織の権力者に引き上げられるのを見てきたように、高い地位にある者たちが低くされ、暗黒の海に自分たちをおおいつくすように訴えるのを見ることになるであろう。そして一方で、与えられようとしている霊的真理に心の奥底で目覚める人々があり、他方で、人々の間で指導者としての資格で振る舞ってきた地位、その立場で聖職の務めを果たしてきた者たちの腐敗が、白日の下にさらされ、混乱と紛争が始まるであろう。命の御座、光の御座、不朽の御座からの使者として、教師として地上にやって来ようとする者たちの間に動揺が見られ、宇宙空間で暗黒の者たちと戦いを行う。そのとき、あなた方はハルマゲドンが近づいていることを知りなさい。というのも、人のじゃまをし、人の弱さをくじきの石にしようとするおびただしい数の者らが集結するからである。その者らが、覚醒のために地上にやって来る光の志士たちに戦いを挑むであろう。生ける神への奉仕に没頭する多くの人の子らによって、光の志士たちは呼び寄せられてきたし、現在もそれは続いている。なぜなら、伝えられているように、神は死者の神にあらず、神をこばむ者の神にあらず、神の来臨を愛する者、神と人のつながりを愛する者の神である。生ける者の神、命の神である！　神は命なればこそ。

10――エドガー・ケイシー

アメリカの地に生まれた者の、誰が主の年を容認できると宣言するであろうか？　宣言するのは、肉体のみならず精神、魂の刷新を行ってきたかの国から来る者たちである。彼らは必ずやって来て、ヨハネ・ペヌエルがこの世界に対し事物の新秩序を述べていることを宣言するはずである。公表されてきたことがこばまれてきたこと、それにとどまらず、それらのことが人々の精神の内で明らかにされること、そして、人々が真理を知りうること、真理、生命、光が人々を自由にするであろうと宣言する。

11――エドガー・ケイシー

われこれを述べる。伝えられたことをあなた方に伝えるためである。ここに座り聞きなさい。あなた方は突如として現れる東洋の一つの光を見る。あなた方は自分の弱さと落ち度を見、聞いてきた。あなた方が生きてさえいれば、主が道をまっすぐにされるであろう。そしてこの日を知るのである……そののち新たな進歩、新たな言葉があなた方に下される。というのも、この地上に宣言されてきた真理と光の志士についてあなた方が表明してきたものを通して、あなた方は弱さにありながらも（中断）その道を知ってきたからである。志士は主の御手に委ねられている。主は自分に地所を持たれない。しかし、主はあなた方が地上に見ている全ての存在をもたらした。そしてあなた方に次のメッセージを伝えた、「心を尽くして主なる神を愛しなさい」。2番目のものもそれに似ている、「あなたの隣人を自分のように愛しなさい」。隣人とは誰のことだろうか？その人、あなたの隣人、あなたの兄弟が悩んでいるとき、どのような方法であれ、あなたが助けることのできる人のことである。その人が自分の足で立つことのできるよう助けてあげなさい。そのようなことを通してのみ好ましい道を知ることができる。弱さ、不安定さを坩堝《るつぼ》に入れ、無くして行かなくてはならない。主がそうであったように。こうして初めてその道を知ることができるのだ。我ハラリエル語りき。

（リーディング№.3976－15711〜11　訳者：阿野和夫・光田秀　校正：韮澤潤一郎）

これだけでもけっこうな長さになり、後半には地球の物理的変動の具体的な説明があるので、どうしてもそれらの部分に気を取られてしまいがちであるが、注意して見てもらいたいのは、その前の4節以降の部分である。

そこには「まず、この時期に驚きをもたらすような多くの実体がやってきている」という前置きがある。そして5節で「まもなくある人物がこの世界に入ることになっていて、それはこちらにいるわれわれの仲間の一人である」という。いわば、何かの集団が地上に現れ、そのうちの一人は宗教、思想、哲学、集団を代表する人物だった人で、使徒ヨハネであるはずだというのだ。しかも「ペヌエルという場所で神に会った」人物でもあるという。6節で「この方はいつどこにおられるのか？」と問いかけている。

まず、ペヌエルという場所について説明すると、この言葉は、旧約聖書の創世記第32章に出てくる。地球への入植者だったアブラハムの孫のヤコブが、地球監督官の宇宙人メルキゼデクと争いごとを起こした場所なのだ。ゆえに、引用したケイシー・リーディングの5節には「この方の名はヨハネであるはずだ。そしてまた顔と顔を合わせて神を見たその場所ペヌエルにあった方でもある」というから、使徒ヨハネはヤコブの生まれ変わりということになる。

ヤコブはそこでメルキゼデクからイスラエルという名前を与えられ、ヘブライ王国滅亡後のイスラエル王国の始祖となるのだが、ちなみにイスラエル王国は失われた十支族の母国であり、この意味するところは、情報機関の解読内容に関係するので、あとで触れる。

その人物が、ある集団と共に地上に現れるという。情報機関の解読からすれば、ヤコブは地球入植者ノアの子孫なので、その彼が当時の地球監督官であった現役の宇宙人メルキゼデクと接触していたのだから、「やってくる集団」というのは宇宙人であり、このときのケイシー・リーディングの情報ソースは地球救済計画（スペースプログラム）に名乗りを上げた宇宙人志願者集団ということになるだろう。使徒ヨハネなる人物は以前、あるいは前世は宇宙人、もしくはその関係者、あるいはリーダーということになるだろう。

そしてこの人物が地上に現れ、活動し出すのは「間もなく……」だから、リーディングがとられた1934年ごろからだということになるだろう。

7節には、その時代の物理的変化として「太陽は暗くなり、大地は方々で裂ける」、つまり太陽活動や地殻の変動が起き出すとある。そのことは、「主の星」としてのUFOの出現が多発したことによって、ジュネーブ会議で呼びかけられ、宇宙開発による調査対象事項となった。また「主の道を求めてきた人々の心と精神と魂」に関する宇宙的な法則性が、テレパシー的な解釈を通じて広く宣言されることとなる。

そしてこの時期を迎える直前、つまり主（キリスト）は「1936年後半に姿を現されるだろう」となっており、このときがキリストの再臨となるのであろう。詳しくは後述する。

8節には、変動の時代は「雲間に再び主の光が見られる時代と宣言され」、その変動が起きるタイミングは「宇宙の法則を求め、印を身体に持つものに告げ知らされる」というが、それは誰のことだろう。

9節には、この時代がなまやさしいものではないことが語られる。「低い身分にあった者たちが、国々の活動で政治や組織の権力者に引き上げられる」とは、公民権運動や人権運動を思わせる。「使者として、教師として地上にやって来ようとする者たちの間に動揺が見られ、宇宙空間で暗黒の者たちと戦いを行う。そのとき、あなた方はハルマゲドンが近づいていることを知りなさい。というのも、人のじゃまをし、人の弱さをくじきの石にさせんとするおびただしい数の者らが集結するからである。その者らが、覚醒のために地上にやってくる光の志士たちに戦いを挑むであろう。生ける神への奉仕に没頭する多くの人の子らによって、光の志士たちは呼び寄せられてきたし、現在もそれは続いている」は、前著で指摘した火星人問題であろう。

この問題は、現存する「死海写本」のヘブライ古文書の中で最も保存状態がよいとされる「光の子と闇の子との戦いの規則」という巻物があり、クムラン宗団エッセネ派の根本的な教理として、いつの日か起こるべき終末論的戦争について詳細に述べられている。

ケイシー・リーディング10節にある「肉体、精神、魂を向上させたかの国から必ずやってくる」のはＵＦＯ編隊の搭乗者だろう。キリストとともに１９３６年の後半ごろに「世界に対し事物の新秩序を述べ伝えるアメリカのヨハネ・ペヌエル」とは誰なのか。

彼は宇宙的「新秩序を宣言する」が、「公表したことが拒まれる」。けれども「人々の精神の中で明らかにされ」、「人々を自由にする」といわれるとある。

11節にある「突如として現れる東洋の一つの光」とは何か。そしてそれによって、「あなた方が生きてさえいれば……この日を知る」とはどういうことなのだろう。これに関しては情報機関の解読とともに、あとで触れよう。

最後に、このリーディングの情報ソースは「ハラリエル」と名乗っているが、けっこう過激な予言を与える実体といわれる。

さて、以上のケイシー・リーディングで中心的なキーワードとなっている「ヨハネ・ペヌエル」が誰であるかを解き明かしてみたい。

●主の降臨は準備された

発見された「死海写本」によると、周辺の要塞化されたエッセネ派修道院が、イエスやヨハネの養育に使われる前に、「義の教師」がそれらの組織の成立に尽力したことが記されている。

つまり2000年前のイエス・キリスト降臨に備え、準備活動をした賢者である指導者がいたのである。こうした人物はスペースプログラム、つまり宇宙的な計画遂行のために、ほかの惑星からやってきた宇宙人だったと考えられる。

同様なことが、ケイシーのリーディングが述べた1936年の「主の再臨」に先立つ数十年前から起きていたことが明らかになる。

場所は、ダライ・ラマ13世が住んでいた、チベットのポタラ宮殿である。

1899年のこと、8歳になる少年が何者かの導きによってアメリカから一人で留学してきた。この少年こそ、アメリカが水爆実験を開始した1952年、モハーベ砂漠でUFOから降り立った宇宙人と会見したジョージ・アダムスキーである。なぜ彼は幼少のころにチベットなどに送り込まれたのだろうか。両親はポーランドからの移民で、彼を含め5人の子どもを抱えた、いわば生活困窮者であるにもかかわらず、なぜなのかという疑問が残る。

アダムスキーについて長年研究していた藤原忍氏は、数百人もの生前の関係者への調査にもとづいて、アダムスキーの伝記『宇宙からの使者――アダムスキー秘話と世界政治』を書いているが、その中で彼の成長の経緯を明らかにしている。

アダムスキーが両親と共にアメリカに移住してきたときは、わずか2歳だったが、小さいころから物事に対して特殊な感性を持っていたという。そして豊かではない生活の中で、この時代に子ども一人でアジアへの長距離旅行ができた裏には、未知の人物のサポートがあったからだと述べている。

では、なぜチベットなのかといえば、地球上で数少ない超常的知覚、つまり遠隔透視やテレパシー能力の訓練ができる場所だったからだ。チベットのポタラ宮では、いまだに偉大な仏教の大僧正であるダライ・ラマを決めるのに、その人物の前世を見極めて行われている。その状況は前出の『イエス復活と東方への旅』に詳しい。

しかし、アダムスキーのチベットでの修行が始まって3年目に障害が発生する。イギリスが植民地統治のために軍隊を侵攻させてきたのである。1904年8月に3000人のイギリス軍がチベットに入り、1500人のチベット人が死んだ。これをあらかじめ察知した守護者たちは、その1年前に彼を帰国させている。修行半ばでアメリカに帰ってきたアダムスキーに対し、スペースプログラムにもとづいてサポーターたちは一つのアイテムを彼に与えたという。それがクリスタル・ペンダントで、遠隔透視やテレパシーによるコミュニケーションの未熟さを補うため、アダムスキーは若いときから講演をする際には、このクリスタル・ペンダント、すなわち想念増幅器を胸に着けていた。

アダムスキーは親しい側近者に「自分は子どものころから宇宙人と会っていた」と話していたという。

だが、彼自身が自分の宇宙的使命に目覚めるまでには、その後も時間がかかり、兵役に就いたり、さまざまな職種を渡り歩くことになる。結局、自分の使命に気付いて啓蒙活動に踏み切ったのは1926年で、活動が結実したのは1935年のことであった。彼はこのときすでに44歳になっていたが、事務所を開設し、機関紙を発行するとともに、「宇宙の法則」について述べるためにラジオ放送にも出演するようになった。彼のスピーチには、精神面と科学が融合した宇宙的な法則性があり、そこには何の宗教臭さも感じさせない純粋さがあり、多くのリスナーをひきつけたという。

翌年の1936年に最初の著書『ロイヤル・オーダー』を出版した。

●現代におけるスペースプログラムの実行

アダムスキーが活動を開始するころに自覚した自分の宇宙的使命とは、何だったのだろう。それは、2000年前から仕組まれたスペースプログラムにおける自分の立場だった。

何千年という年月にわたる自分の本性に目覚めるとは、生まれ変わりを経た過去の記憶を覚醒することだ。アダムスキーは2000年前にガリラヤの海で漁師をしていたとき、イエスに声をかけられて十二使徒の一人となったことを思い出したのである。のちに「ヨハネによる福音書」や「ヨハネの黙示録」を書いた使徒ヨハネである。

このことは、アダムスキー自身、いかなる著作や講演でも述べてはいないが、生前の側近の人たちからわれわれが聞き取りをした中に存在している。このようなことを一般の人たちに言ったところで、まともに信じる人はいないということはわかりきったことだ。しかし、おそくとも1935年には、アダムスキーはキリストのために、使徒ヨハネだったときに志したことをはっきりと自覚したのである。

ここで読者は、ケイシー・リーディングに出てくる「……1936年後半、主は姿をあらわされるであろう」という年代を思い出すであろう。

そして、「……（リーディングがとられた1934年から）間もなく、ある人物がこの世界に入ることになっている。その方は、弟子ヨハネであるはずだ……」

また、「……かの国から彼らは必ずやってきて、ヨハネ・ペヌエルがこの世界に対し事物の新秩序を述べていることを宣言するはずである」というケイシーのこの予言が、何を意味するのかを察することができるだろう。

第二章で書いたように、アダムスキーがモハーベ砂漠のデザート・センターで宇宙人に会ったのは1952年である。このときの体験を彼は『空飛ぶ円盤実見記』に書いているが、この本には秘密にされた部分が存在していることになる。このときの宇宙人（仮称）オーソンは、実はイエス・キリストだったのである。そのとき、アダムスキー自身ははっきりそのことを認識していたはずである。

というのは、アダムスキーが啓蒙活動を始める1926年ごろ、イエス・キリストが夢枕に現れ、「私はあなたのためにいろいろ準備をしてきたけれど、今度はあなたが私に何をしてくれますか」と問いかけられたことがあり、そのとき愕然《がくぜん》として衝撃を受け、自分の使命に目覚めたといっているからである。そしてケイシー・リーディングのとおりであるなら、最初の著書を出版した1936年に、肉体を持ったイエスはアダムスキーの前に出現したのだろう。あるいはそれまでの10年ほどの間は、夢枕的なテレパシー的コミュニケーションも使われたのかもしれない。

そして、1952年の砂漠での公的には最初のコンタクト事件以降、ヨハネ・ペヌエル、すなわちアダムスキーは、その後の生涯にわたり、世界中で行った講演や著作物によって、「かの国（他の惑星）からやって来た彼ら（宇宙人）が」「この世界に対し事物の新秩序を述べていることを宣言する」ことになるわけである。

アダムスキーの体験と、ケイシー・リーディング内容のこの符合は、偶然だろうか。両者の間には今日までなんの関係性も存在していない。唯一あるとすれば、互いの遠隔透視的感覚による共鳴とでもいえる、同一性であろう。

だが、その背後には、両者とも、旧約聖書時代からの計画が秘められており、現代の地球という惑星と人類の状況が反映されていて、やがてわれわれが出合うかもしれない「終わりの時」という惑星規模の最終点が存在していることになるだろう。

●「終わりの時」に起きる地球の大変動

ケイシー・リーディングの8節にある内容は、衝撃的である。

「地球はアメリカ西部で裂け」「日本の大部分は海中に没する」という。また「北欧は瞬時に変化し」「アメリカの東海岸に陸地が出現する」とある。さらに「北極と南極に大異変が起こる」と「熱帯の火山噴火を誘発し、その後に地軸が移動する」のである。

これらの予言は、リーディングの前後の部分は切り離され、この8節だけが単独で、日本でも1961年ごろに「日本沈没予言」として書籍の中に取り上げられるようになった。しかも、これらの大変動が起きる時期が「1958年から1998年の間に生じる」と訳されていたので、「1998年までにすべて終わっている」かのように取られてしまったのである。正確には「1958年から1998年の間に始まる（these will begin)」であるから、それ以後どこまで続くかは明示されていないのだ。

この地球規模の地殻変動に関連するいくつもの予言が、ケイシー・リーディングの中にはあるが、概して「この時期、世界の地理上の変化は暫時的である」、つまり「ゆっくり」だという表現が多い。

しかし、リーディングのこの部分は「終わりの時」にふさわしい巨大な地殻変動であることを認識させる。すでに述べてきたように、聖書にもいたるところに「終わりの時」に関する記述がみられるが、あまりにも比喩的で象徴的な表現が多くわかりにくいので、整理してみたい。

最も具体的な表現が使われている「マルコによる福音書」の13節を例に取ってみよう。オリブ山に集まった弟子たちが「いつそんなことが起こるのでしょうか。どんな前兆がありますか」と、イエスにひそかにたずねる場面がある。

最初に出てくるのが「多くの者が私の名を名乗って現れ、多くの人を惑わす」とある。これは超常的能力が注目される時代、つまり現代のことであろう。超常現象はたしかに存在しているのであるが、その能力の根底にある、テイヤール・ド・シャルダンのいう「宇宙精神」あるいは、アダムスキーがテキストで説明した「宇宙意識」といわれる法則性にいたるものは少ない。この法則性にもとづく文明の構築と、エネルギーの使用にいたる道程が必要になってくるはずだ。

次は「戦争と戦争のうわさを聞くであろうが、まだ終わりではない」である。これは第一次と第二次世界大戦の時代であろう。

そして「民は民に、国は国に敵対して立ち上がり、またあちこちで地震があり、飢饉が起こる。これは産みの苦しみのはじめである」は、冷戦後のテロの台頭の時代、つまり今世紀のような気がする。

「兄弟は兄弟を、父は子を殺すために渡し、子は両親に逆らって立ち、彼らを殺させる」は、最近のニュースにあふれている殺傷事件のことだろうか。

また「あなた方はわたしの名のゆえに、すべての人に憎まれる」とは、どういうことだろう。「わたしの名」は「キリスト意識」のことであるから、いわば宇宙的法則性の「義」がすたれるのであろう。

そしていよいよ「終わりの時」がやってくる。

「荒らす憎むべきものが、立ってはならぬ所に立つのを見たならば、そのとき、ユダヤにいる人々は山へ逃げよ。屋上にいる者は下におりるな。また家から物を取り出そうとして内に入るな。畑にいる者は上着を取りにあとへもどるな。その日には、身重の女と乳飲み子を持つ女とは不幸である。この事が冬起こらぬように祈れ。この日には、神が万物を造られた創造のはじめから現在に至るまで、かつてなく今後もないような艱難が起こるからである。もし主がその期間を縮めてくださらないなら、救われるものは一人もないであろう。しかし、選ばれた選民のために、その期間を縮めてくださったのである」

　この終わりの時は突然やってくるようだが、「その前に荒らす憎むべきものが立つ」の意味はなんだろう。これはダニエル書の解読にも関連しているので、のちに触れることになる。そして「選ばれた選民」とは誰で「艱難の期間を縮める」とはどういう意味なのだろう。

「この艱難の後、日は暗くなり、月はその光を放つことをやめ、星は空から落ち、天体は揺り動かされるであろう。そのとき、大いなる力と栄光をもって、人の子が雲に乗ってくるのを人々は見るであろう。そのとき、彼は御使いたちを使わして、地の果てから天の果てまで、四方からその選民を呼び集めるであろう」は、いったいどういうことが起きるというのだろう。まさにこの事件はスペースプログラムの最重要問題であり、ジュネーブ会議で提起された宇宙開発の目的に関連することだと考えられる。

第六章　大変動の前に何が起きるのか

●「終わりの時」のスペースプログラム

ジュネーブ会議で1955年にスタートした宇宙開発は、公的な「キリスト再臨」が成就した時期における重要なスペースプログラム的課題であった。しかし、聖書預言にあるとおり、いまは誰もそれを信じてはいない。それでも「終わりの時」はやってくるだろう。

この時代に「キリスト再臨」を出迎えたヨハネ・ペヌエルたるアダムスキーは、宇宙開発がスタートした理由として、二つのスペースプログラムとしてのテーマがあったことを指摘している。

一つは、地球人類の宿命ともいえる、戦争のための国家維持や、戦争があってこそ維持する経済システムから脱却するために、宇宙開発に人類のエネルギーを投入させることだった。月面への有人飛行であったアポロ計画はその端緒として成功しかかったが、大気圏を出ると、宇宙空間でも月面でもUFOの出現が続いて、宇宙人たちとの交流を成立させえない政府は、計画をストップしてしまった。

もう一つは、最も重要なことなのだが、「終わりの時」に必要になる、惑星移住規模の宇宙船を地球でも作る技術を構築させることだったという。つまり「終わりの時」とは、このわれわれの太陽系がそろそろ終わりかけていることを意味しているのだ。まず太陽に異変が起き、連動して各惑星も居住に適さなくなってくることを警告していたのである。

　この二つのテーマが地球側に公式に提示されたのは１９６4年5月であろう。

　宇宙開発宣言が行われて10年目のこのころは、アポロ計画がいよいよ実験段階に入り、ケネディ大統領が「10年以内に人間を月に着陸させ、安全に地球に帰還させる」と宣言してから3年になり、最も宇宙開発が加速された時期である。

　この地球の躍進に対し、宇宙人たちは太陽系の状態について地球側に明確に説明する必要性を感じていたのであろう。そのための国際会議がメキシコで開かれたのである。

　このイベントが行われた会議場の存在を明確にしたのは、私の学生時代からの友人であるハリー・古山氏である。30年以上にわたるアメリカ滞在中に、一時期メキシコにも住んでいたことがあり、現地の地理に詳しいこともあって、山間部のへんぴな場所ではあったけれど、その会議場の調査を１９８８年に敢行している。その際の詳しい報告は『私が出会った宇宙人たち』に記載されているので、ぜひ一読をおすすめしたい。

　そこは、ホテルや温泉が併設され、大勢の出席者を収容できる半円形のメイン・ホールになっていた。この広い施設の建設には、メキシコ政府の関与があったことがうかがわれるのだ。氏の調査当時には、ホールの入り口に「天使の館」というネームが掲げられていたが、その意味は「ここに世界中の政府関係者を招待し、この太陽系内の惑星から集まった宇宙人たちと会談させる計画があったこと」だと古山氏は言う。

1964年5月18日にアダムスキーは、メキシコシティから西に200キロほどいった「サンホセ・プルア」の山間に建設されたばかりの真新しい会議場に到着した。当然、12年前に砂漠地で2000年来の再会を果たした金星人オーソンも来ていたはずで、彼はこの会議の主賓だったかもしれない。また、アダムスキーがのちに、終末のしるしである「あらゆる民への証しとして、全世界に述べ伝えられる」(マタイ24－14)が成就したかのように世界各地を講演したときに、そこで出会った多くの宇宙人たちも顔を出していたに違いない。

この会館の建設を推進した当時のメキシコ大統領であるロペス・マテオス氏も来ていただろうし、彼が呼びかけた各国の首脳や大使級の人物も列席したはずである。

国連からは当時の事務総長であるウ・タント氏の秘書だったロバート・ミューラー氏が来ていたと思われる。彼は、講演ではっきりと「より高い惑星の文明へと導いてくれる関与者」について述べており、2000年前にキリストが言ったように「宇宙空間からの使者たちが宣言した世界」が現れることを認めているからである。また、ウ・タント事務総長は「UFO問題が、ベトナム戦争の次に国連が直面する重要事項になるだろう」と発言したことがのちにニュースになっているところをみると、このプルアでの惑星会議を知っていたに違いない。

アポロ計画を必死で推し進めていたケネディ大統領は、少なくとも側近者を出席させただろうし、アメリカ航空宇宙局の重要なセクションのメンバーも参加する必要があったに違いない。アポロ計画には多くの宇宙人が技術協力していたといわれるからだ。

このときの会議で話し合われた最も重要なテーマは「この太陽系の末期的な不安定化と核の使用の危険性」だったと、古山氏は関連サイト「UFO STATION」に記載している。これはまさしく「終わりの時」の最後通告といえるだろう。

●いまは選民の時代

サンホセ・プルアでの会議のあと、アダムスキーはアメリカ東部を拠点とした講演旅行に出発する。年末にいったんメキシコを訪れるが、すぐにまたニューヨーク、ワシントン、バッファロー、ボストン、デトロイトなどで、国連や政府関係者に積極的に働きかけをしている。このときは宿泊先に宇宙人が訪ねてきて、その頭上にUFOが出現したのを、ムービー・フィルムに撮影したが、2カ月後の1965年4月に残念ながら亡くなってしまった。これでヨハネ・ペヌエルとしての「主の星の出現宣言と、道を指し示す」活動は終了したのである。

アダムスキーのこの最後の様子は、私の前著の大きなテーマだったので、『宇宙人はなぜ地球に来たのか』で詳しく取り上げたが、彼の最後のコンタクト事件となった東部地区講演活動で拠点とした宿泊先で起きた「ロドファー・フィルム」撮影の際に、不可解な彼への妨害勢力の気配を残して、アダムスキーの活動は終了してしまった。それ以後彼のような人材は出なくなり、50年後のこんにちまで宇宙人存在のリアリティーは感じられなくなってしまっている。

これは、「終わりの時」の「前兆として現れるヨハネ・ペヌエルの宣言にともなうアダムスキー型UFOの出現」が、ひとまず終息することだと考えられるのだ。それは、前章に紹介したケイシー・リーディングの7〜8節を見た場合、記載されている「地球の物理的変化」は、あくまでも「終わりの時」の出来事なので、「間もなく来、過ぎゆく」は「兆候ないし印」のことで、「ヨハネとキリスト再臨」は秘された一時的な現象とみることができる。

ケイシー・リーディングの7節のおわりには、ヨハネ・ペヌエルにともなうキリストの出現が出てくるし、8節の最後には「その時、その季節、その場所については……印をその体に持つ者に、告げ知らされる」とあり、これは生まれながら腹部に巨大な太陽のようなバース・マークがあったといわるアダムスキーを指しているような気がするからだ。おそらくプルアでの会議で、さしせまる「終わりの時」の地球の様相を知り、最後の力をふりしぼって、国連や政府関係者に働きかけたのだろう。それは、これからやってくる「終わりの時」のための、人々の気付きをうながす準備期の到来を意味している。そして、地球の物理的変動は、リーディング8節に「1958年から1998年の間に始まり、この時代は雲間に再び主の光が見られる時代と宣言されよう」とあるから、アダムスキー亡きあとは、ますます物理的変動が増加するとともに、ほかのタイプのUFOは出現し続けることになるということであろう。

「終わりの時」の準備期である現在の状況については、新約聖書の福音書の中に出てきている。再びマタイによる福音書の24章をみてみよう。

……人の子が大いなる力と栄光を帯びて天の雲に乗って来るのを、人々は見るであろう。また、彼は大いなるラッパの音と共に御使たちを使わして、天のはてからはてにいたるまで、四方からその選民を呼び集めるであろう。……人の子の現れるのも、ちょうどノアの時のようであろう。すなわち、洪水の出る前、ノアが箱舟に入る日まで、人々は食い、飲み、めとり、とつぎなどしていた。そして洪水が襲ってきて、いっさいのものをさらっていくまで、彼らは気がつかなかった。人の子の現れるのも、そのようであろう。その時、二人のものが畑にいると、ひとりは取り去られ、ひとりは取り残されるであろう。……

ここにある「選民を呼び集める」の意味は、概してユダヤ人がイスラエルを建国することだったと解釈されているようだが、それが現在のイスラエルという国家だとすれば、「人の子が雲に乗ってきて、御使を使わして呼び集める」こととの関係が出てこない。人の子とは宇宙人のことだから、そのような民族的な選別ではなく、人物の内的評価ではないだろうか。

このマタイ24章の記述の前に出てくる「……しかし、最後まで耐えしのぶ者は救われる。そしてこの御国の福音は、すべての民に対してあかしをするために、全世界に述べ伝えられるであろう。そしてそれから最後が来るのである。」の「御国の福音」とは、現在の聖書というより、人間の直感的変容に関係し、アダムスキーが述べていた「宇宙的意識」のことであろう。そこに惑星移住にかなう先進文明の基礎があると思われるからだ。

●先進文明との合流

地球人類の直感的変容は「終わりの時」までに間に合うのだろうか。これは難しいかもしれない。アダムスキーはヨーロッパなどの古い教会を訪れたとき、それらの建造物に入りたがらなかったといわれる。それほど現状の宗教が、創建当時の姿とはかけ離れたものになっているということだろう。

「ヨハネの黙示録」の14章に次のような預言がある。

「わたしは、もうひとりの御使が中空を飛ぶのを見た。彼は地にすむもの、すなわち、あらゆる国民、種族、国語、民族に述べ伝えるために、永遠の福音をたずさえてきて、大声で言った、『神を恐れ、神に栄光を帰せよ、神のさばきの時がきたからである。……』」そして「また見ていると、見よ、白い雲があって、その雲の上に人の子のような者が座しており、頭に金の冠をいただき、手には鋭いかまをもっていた。すると、もうひとりの御使が聖所から出てきて、雲の上に座しているものにむかって大声で叫んだ、『かまを入れて刈り取りなさい。地の穀物は全く実り、刈り取るべき時がきた』……」というような「実り豊かな時期」はくるのだろうか。これは選民の比喩的表現だと思われるが、いつのことだろう。

というのは、先進文明の惑星社会には「警察も病院もない」とメキシコのヴィジャヌエバ氏が言っていたが、犯罪や病気がない社会は、地球とは非常に大きな違いがあるからだ。アダムスキーは、その住人の価値観の基本となる一つの資料を、プルアの会議のあと、最後の東部講演旅行に出発する直前、カリフォルニアの側近に残していったが、この資料の内容は人間の「生まれ変わり」や「直感的変容」とも関係することで、それによると、「肉体と魂」の考え方が地球とはまったく逆に近いといえるほど異なっていることがわかるのだ。

その資料というのは「十字のシンボル＝人体の七つの神経中枢の真意」に関する図である。十字のシンボルとは、キリスト教の象徴ともいえる十字架でもあるが、縦線には七つの神経中枢、つまり東洋的には「七つのチャクラ」、西洋的には「七つの教会、もしくは精霊」が配置され、十字の横線と交わるクロス・ポイントに「太陽神経叢《しんけいそう》」が位置している。そしてこの横線より上が物質的で肉体的な部分とされ、この部分の三つの神経中枢で形成される要素は、寿命がつきたとき肉体とともに死ぬとされる。最上部には「四つの感覚器官がつくる心」があり、これは頭脳だが、あらゆる人間の苦しみは感覚器官の心であるこのエゴの構築物だとされる。そして、クロス・ポイントから下には肉体を維持する消化と排せつをつかさどる神経叢があり、最下部に人体を永続させる英知で最高のフィーリングの源が位置している。したがって、生命を理解するには、人体の宇宙的な永遠の部分と調和して生きることを受け入れるようにしなければならないというのである。

これらの内容は、いわゆる秘教的なクンダリーニやプラーナなどの理解とは相いれるものではないし、その位置や数も異なっている。しかし宇宙人が伝えたとされる『生命の科学』の中で、アダムスキーはこの図の原理をていねいに解説しており、先進文明の科学はこの原理によって成り立っていると考えられる。

この原理には、人間の思考や物質的現象の背後には、基本的な力と情報が高密度で集積された「想念」があるとされていて、いわゆる言語思考を超えたこの実態を理解する必要があるとしている。これまで仕事上多くの日本神道関係者と話す機会があったが、「言《こと》上げせず」「気配」を重視するという基本原理にのっとった日本の伝統に、同じ要素を感じてしまうのはなぜだろう。そのような人たちの中には、アダムスキーを日本に呼び、陛下に会見させようとしていた人たちもいたのだ。そして、あくまで写真を見た個人的なイメージだが、プルアの会議場には各施設をつなぐ東洋的な赤い欄干のような通路があり、まるで宮島の厳島神社にある欄干を思い出してしまうのだ。それだけでなく、十字のシンボル図と日本の精神性には、もっと基本的なところに共通点が存在していることに気付かされることがある。これはＵＦＯの中から発見されたヘブライ文字の解読に関係してくることなので、のちに触れる。

●惑星会議前後にＵＦＯ出現が増加

プルアでの会議の前後に、メキシコ国内で多数のＵＦＯの出現事件が起きていた。その理由は、この国際会議にかかわる宇宙人が飛来したことと、この時期がスペースプログラムの大きな分岐点だったからであろう。

最も大きなプログラムは、２０００年前のクムランで活動したエッセネ派のようなグループの形成だった。このころのメキシコでは、地元のアダムスキーの協力者や政府関係者によって、「生命の科学学園」と、独立国家のような「共同社会」の建設計画が進んでいたのである。これには多くの宇宙人たちも側面から援助していたという。

この時期のＵＦＯ事件の増加は、記録によると会議が開催された１９６４年と翌１９６５年で、不思議なことに地球と金星の距離が最も近づいた時期だった。「金髪の訪問者」とか「裏庭で宇宙人と哲学的な話をした」などのほか、「国立工芸学校近くにＵＦＯが着陸した」「湖に着水後、すぐに湖底に沈んだ」「メキシコシティで最も交通量の多い道路で、６個の浮遊する光体を見ようとする住民で、２時間以上の交通渋滞が起きた」などと報じられている。メジャーな報道としては、ロイター通信が「国立芸術院のドームのまわりを二つの物体がジグザグ飛行しているのを12人の人が目撃した」と伝えていた。

同じ時期に、メキシコとは正反対の日本国内で、私自身が人生最大のＵＦＯ遭遇体験したことは偶然だとは思えない。この件は第二章ですでに触れているが、それは東京オリンピックが開かれた年である。５人ほどの仲間と室内にいたとき、窓から身を乗り出して見ていたのだが、最初見たシルバーメタリックな球体のＵＦＯがふわふわと横切ったあと、２機の円盤が、はるか雲の下を末広がりにすごい速さで飛行したのである。その数分後にジェット戦闘機が飛来したが、速度は円盤の半分にも及ばなかった。２機の円盤は雲のようなものに包まれていたため、アダムスキー型であるかどうかはわからなかったが、私はアダムスキー型だったと確信している。というのは、アダムスキーが以下のように説明していたとおりだったからである。

「通常、昼だろうが夜だろうが、円盤の輪郭ははっきりしません。これは円盤の放つフォースフィールドのため、一種のイオン化した雲で船体はその中に包まれているからです。内部の乗員はその雲を通して外を見ることができますが、外からは船体をはっきりと見ることはできません。これは地球人の敵意に満ちた好奇心を抑制するために用いられ、宇宙船の船体は雲に日光が反射するように白銀色とか色彩を放っているように見えます」

このとき一緒にいた仲間たちは、ちょうどエッセネ派に近いような、宇宙人から教えられた感覚的変容を体得するための訓練を行っていた集団だった。20人ほどの共同生活では、ほとんどテレパシーでコミュニケーションが成立していた。驚くかもしれないが、本当である。隣室にいようと、ほかの町にいようと、それは可能だった。刻々と時空の情報を意識することによって1日が1カ月くらいの長さに感じられた。いわば肉体と魂が反対になったような生き方で、「太陽の光が万物にへだてなくふりそそぐ」ことに衝撃を受けたようなこともあった。

クムラン宗団と同時代の歴史家ヨセフスは、エッセネ派の人々は「朝日が昇るまで、世俗のことばをひとことも語らず、先祖から引き継いできた祈りの言葉をささげて、太陽を待ち望んだ。これが彼らの敬神をあらわす独特の形として、並はずれていた」と記している。私はその意味を理解できる気がするし、それは日本神道の心に似ているような気もする。

ほかにも、エッセネ派に関するヨセフスの説明をみると興味深い。

「彼らは財産を共有し、ほかの者より多くを持つものは一人も見当たらない」「彼らは怒りの仲裁者であり、自らの激怒を抑えることができる、平和の作り手である」「彼らは誠実の模範であり、誓いを立てない。彼らにいわせれば、神を証人に立てなければ信用されないような人間は、それだけで落第だからである」「彼らは異常なほど古人の著作の研究に没頭し、また心身の病を治す草木の根や薬石について研究している」「彼らは長命である。100歳以上生きるものが多い。粗食と規則正しい生活を守っているせいであろう」「彼らの死生観は、死が彼らに栄光をもたらす場合には、末永く生きるよりも死ぬ方に価値を置く。その理由は、肉体を形作っている物質は不滅ではないが、魂は不滅で永続するという彼らの教義にある」

そして「彼らのうちには、未来を予見するのにたけた者さえいる。これは、聖書や神聖な著作類や預言者の言葉をよく研究しているからである。間違った予言をするようなことはまれにしかない」という。

私たちが目指したこともいくつかの点で彼らに似ているが、残念ながら私たちには彼らほど徹底した団結力や社会とのつながりの手立てがなく、このときの状況には無理があって、数年で分解してしまったが、私にとっては貴重な体験となっている。

同様なことが、メキシコの「学園建設計画」にもあったのであろう。アダムスキー自身は、政府や国連への働きかけで東部へ出向いていて、メキシコの計画にはあまり参加できなかったらしい。しかし、宇宙人たちは学園建設のための人選に積極的で、計画を進めようとしていたことが、当時のアダムスキー書簡集などから感じられる。

●宇宙人文明を認める時代へ

プルアの会議で突きつけられた「終わりの時」の最後通告で、地球が惑星移住に備えるまでになるには、われわれが先進惑星文明の基礎である感覚的変容の素養や、フリー・エネルギー的な反重力テクノロジーを理解し、彼らに合流できる素質を獲得する必要があるだろう。あるいは、黙示録にあるように、選民として「地の実り豊かな穀物として手にかまを持った雲の上の御使いに刈り取られる」資格を得るには、「生命の科学学園」的社会が建設されなければならない。

たとえば、服装などは、「惑星人は流行という気まぐれなものを知らず、季節や仕事に応じた衣服を着、余暇にはインド人の着る衣装に似た服を着用している」くらいだというし、われわれが楽しむスポーツ競技も「ダンスやゲームはするが、緊張を強いられるような対決はしない」という。だからといって、いつも厳格な顔をしているかというとそうではなく、「現象の波動の記録としての彼らの音楽は、調和の中に響き合った喜ばしい表現のシンフォニーで、それらによるダンスは肉体細胞が常に若さを保つ、たえざる喜びと自由な状態の中に解放され、リズムと合わせる行動を非常に楽しんでいる」という。まさに天女の舞に近いのだろう。むだな生産は合理化され、労働は1週間に2日くらいとのことで、家事や日常の仕事の約90パーセントはロボットや機械が行うといわれる。では暇かといえば、「彼らは人間の才能を開発したり、自然の法則を探究したりする」ことに時間を費やしており、生きる価値観が異なっているので、充実した生きがいを感じられる生活をしている。特に彼らに貨幣制度がないことは、われわれにとって大きな問題である。われわれはなんのために働くかを問われることになるからだ。

ともかく、スペースプログラムの一つとして、彼らの世界は「欠乏と貧困」がないので、それを地球上でも、配分のシステムもふくめ、促進しようとしていたようだ。これは2001年の9・11同時多発テロでつぶされたといわれる「NESARA（国民経済安全保障改革法）」のような活動も含まれるのかもしれない。

彼らの世界では、生まれ変わりをふまえた教育がなされている。それは、人の天分を見極めることができるということであろう。このことは家族制度でも考慮されているようで、相続問題も地球の考え方とは違うはずである。また、人々の寿命も数百歳が当たり前というから、ライフサイクルにおける人生に対する考え方はまったく違うだろう。現代の地球も急激に変化しているが、そのような方向にむかっている部分もあるはずだ。

スペースプログラムにのっとって地球上で促進している宇宙人の活動については、前著で説明したが、ロズウェルのヘブライ語テキストにあるように、もともと戦乱の中から出ようとしないシステムの社会にいた地球入植者の子孫であるわれわれには、この変化についていけないのかもしれない。それで「終わりの時」に間に合うのかという問題である。これが「ハルマゲドン」の戦いということになるだろう。それは、地球上のわれわれの問題であるとともに、宇宙からの別の要因も含まれる。

●「ハルマゲドン」の戦いまでの忍耐

ハルマゲドンとは、ヨハネ黙示録16章に出てくる地名で、エルサレム北方に位置するメギドという町を意味するが、この町は「終わりの時」に「にせ預言者の口から出た汚れた霊によって世界の王を集合させ、戦いをさせる場所」になるという。

しかし、このとき「……人に惑わされないように気をつけなさい。多くのにせ預言者が人を惑わし、戦争、飢饉、地震があり、あなた方は私の名のゆえにすべての民に憎まれる。そのとき、多くの人がつまずき、また互いに裏切り、憎み合うであろう。また不法がはびこり、人の愛が冷える。しかし、最後まで耐えしのぶ者は救われる。そして最後が来るのである」（マタイ24章）とあるように、忍耐が要求される時期がハルマゲドンの戦いまで必要になるというのだ。

これは、前章で紹介した「使者として、教師として地上にやって来ようとする者たちの間に動揺が見られ、宇宙空間で暗黒の者たちと戦いを行う。そのとき、あなた方はハルマゲドンが近づいていることを知りなさい。というのも、人のじゃまをし、人の弱さをくじきの石にさせんとするおびただしい数の者らが集結するからである。その者らが、覚醒のために地上にやってくる光の志士たちに戦いを挑むであろう。生ける神への奉仕に没頭する多くの人の子らによって、光の志士たちは呼び寄せられてきたし、現在もそれは続いている」というケイシー予言の第9節にあたる。

また、この時期の具体的な説明については、アダムスキーが国連関係者と緊密に交流していた1960年10月に、各国の代表に送付した書簡の中で次のように状況を記載している。

「最近東部から帰ってきたところで、政府や国連関係者と会談してきました。宇宙開発と軍部の対立は、地球防衛という計画によって解消するでしょう。地球人が進化の過程にあるのと同じように、宇宙の他の惑星群の人々も等しく進化の過程にあり、地球が最低というわけではありません。この太陽系以外では社会的に地球ほども発達していないのに、科学的に地球を超えていて、宇宙船を所持している惑星があります。いまやわれわれもロケットや人工衛星を大気圏外へ発射していますので、外部から地球が注目のまとになり、地球を調査しようという自然の好奇心が非地球人に起こってきます。ところが地球人は好戦的で、数千年もの戦争の歴史を保持しているので、社会的に地球より低い惑星をより残虐だと考えてしまうことがあるでしょう。このような低い惑星人が現在宇宙空間を飛びまわっているので、天使としては行動しません。地球製の宇宙船は軍部が供給する防衛力を必要とするかもしれません。地球の宇宙船のすべてを近隣の惑星人がいちいち保護するわけではないからです」

この内容から、宇宙戦争の可能性が考えられるし、発生しているＵＦＯ遭遇事件や宇宙人遭遇事件の多様性を説明していることになる。「主の光」に匹敵する善良宇宙人から、アブダクションのような手荒い生物学的実験を試みる種族もいるということになると、これは慎重に仕分けしていかなければならない。まさに忍耐が必要になってくる。しかし、この宇宙種族の多様性は、われわれの地球の世界を考えれば、当たり前のことであろう。この地球でさえ、外国人といってもさまざまであり、また個人の差も多様であり、同じ人間はいないからだ。

コンタクト事件でも、似たケースがあっても言っていることのニュアンスが違ったり、相反したりすることも出てきている。アダムスキーでさえ、「この宇宙人はわれわれが接触している宇宙人とは違うグループだ」という言い方をしている場合があるからだ。

このような状況下にあるということになってくると、たしかに地球防衛軍が必要になるだろう。ジュネーブ会議の前年にヨーロッパ中に出現したＵＦＯの中には、いろいろな体形の異なった種族が交じっているらしいことは確かだ。だからアダムスキーがコメントしたように、1960年ごろから、地球独自の宇宙防衛の必要性が認識されていたのであろう。

これを裏付けるような興味深い事件が、実際に今世紀に入って起きている。

それは、イギリスのブライトン・ゲイリー・マッキノンという青年が、2000年から約2年間にわたり、ジョンソン・スペースセンターの極秘宇宙開発研究所や、アメリカ海空軍のコンピューターシステムへ侵入したとき、データのダウンロードに手間取り、いわゆるハッキングによる侵入を発見され逮捕されているが、そのとき彼が見たものは、まさしく地球防衛軍のデータ類そのものだったことが、逮捕後の証言から見えてくる。

たとえば、「スペースシャトルから地球を眺めているような映像があり、下の方にブルーの海面と白い雲の渦巻きが見え、丸い地球の地平線があった。その上空に葉巻型の宇宙船が浮いていた。いわゆる古典的な葉巻型で、とても地球のものとは思えないものだ。なぜ地球のものと思えないかというと、その表面が非常に滑らかに出来ており、リベットや継ぎ目のようなものもなかったからだ。しかし、その葉巻型はよくあるような（アダムスキー型の母船を意味しているようだ）両端がカットされたものではなく、先端はとがっていた。船体の上下左右には、ゴルフボールを半分にカットしたようなレーダー・ドームが付いていた。だから、地球製とは思えないこの宇宙船は、あるいは地球が開発した宇宙艦隊なのかもしれない。というのは、この映像に、ある輸送物のリストが付いていたからだ。それは艦隊から艦隊へ移送する物資のリストで、それには海軍船にはない名前が付けられていた。つまり地上の船ではなく、宇宙での構造物を意味しており、新しい宇宙軍の武装化編成と思われる」というのだ。

そのようなＵＦＯテクノロジーの実用化の現状も、以下の章で追究してみたい。

第七章　巨大ＵＦＯはノアの箱舟

●最大の宇宙計画にそなえる

われわれの太陽系の崩壊が刻々と迫ってきている今の時代に、これまでなかったような混乱が引き起こされると、聖書にもケイシー・リーディングにもはっきりと警告されている。

崩壊のきざしは太陽活動の不安定化に始まり、それが地殻の変動や人心の不安定化を引き起こすと「人の子」は警告し、そのような状況にそなえる計画が惑星移住になるというのだ。最近のアダムスキー関係者の発言の中には「この太陽系の地球以外の惑星は、すでに4分の3の人々が移住を完了している」という声も聞こえるほどである。地球の当局者は、そのへんの事情を承知している人々もいるはずだが、われわれがその移住集団に合流する準備がなされていない現在、ケイシー・リーディングの9節にあるように、それより別の活動をする「おびただしい数の者らが集結している」状況に対応するので手いっぱいだといえるだろう。

この「別の活動をするおびただしい数の者」とは「偽キリスト」のことで、新約聖書の福音書すべてで警告されている。これは、人々が超感覚的知覚に目覚める時代に、何かご利益を期待して近づくとき、一つのわなが発生してくることに由来するのではないだろうか。つまり、人の心の動機の中に想念的な共鳴を起こす要因が含まれるため、真偽を判別する前に共鳴するものを引き寄せてしまうということである。これは超感覚的知覚の法則性であり、おそらくは物理的宇宙をも含む基本的な法則でもあるだろう。これを学ぶのは、外界の現象世界に向いている感覚器官がつくりあげる、あの「十字のシンボル」でいう頭脳の方向とは逆の、生命再生の内的自己の自覚から生まれる宇宙的な意識性によるしかないような気がするのだ。

しかし、この思考錯誤の時代は、何か外的な要因でいちどに次元上昇するといったようなことはなく、次の文明へのステップには時間が必要になるということになるだろう。われわれはあまりにも外界に目を奪われ、外界に頼ろうとするが、社会とか文明といったものは、そこに生きている人の生き方で作られているから、内面に気付かないかぎり変化しないからだ。

預言書類には、この時代のそうしたわれわれの苦しみの時間が織り込まれており、「忍耐せよ、耐え忍べ」といっているのは、そのための時間を意味しているといっていい。

また、核兵器や核エネルギーは致命的だということがわかっていても、われわれはいまだにそれを放棄するにいたっていないし、気候変動、地殻変動、新興国の大国化、高齢化社会、あるいはネット社会の急速な浸透というような変化は、「終わりの時」に向かった産みの苦しみを意味しているのかもしれない。それは準備であり、向上への足音ではないだろうか。

「ほかの進化した惑星から隣人が地球へ来るのは、地球人を楽しませるためでもなければ、新しい宗教を始めるためでもありません。彼らは神ではないからです。国際地球観測年にたずさわった地球の科学者とは別に、ほかの惑星の人々が救援のために派遣されてきています。この隣人たちはこちらが受け入れさえすれば喜んで彼らの知識を伝えてくれますが、彼らは地球人の生活態度が誤った前提にもとづいていて、現状では自己破壊にいたるほかないことを知っています。ですが、彼らは地球人のために、素晴らしい壮大な計画の原図を作り上げています。彼らは地球人の疑心をとがめません。なぜなら、いつか地球人の空想のジレンマが真実のために解消することや、心というものを実際的な考えのために用いるようになるだろうということ、そして神秘主義は自然の法則の理解によって置き換えられるであろうことを知っているからです」と、アダムスキーは死の前年に書いた小論で述べている。

ここに述べられている「計画の原図」こそ「スペースプログラム」にほかならない。その計画におけるイエスやヨハネは、神ではなく地球救済の有能な志願者であろうし、それに続く志士も地球上で現在も活動しているに違いない。

いつか「自然の法則の理解によって置き換えられる」にしても、ひとたび核戦争になれば人類が滅亡しそうになることもあるし、大地震が起きれば生き延びることは大変である。警告としての「ヨハネ黙示録」は、終わりの時に向けてきびしい試練を予告しているのだから、それはなまやさしいものではないはずである。戦争は起きるのか、地震はどの程度になのか、そして最後はどうなるのか、といったことを黙示録やダニエル書の原典などから推測できることは追って取り上げていくつもりであるが、まずはどうしても説明しておかなければならない事件が2008年に起きているので、それをふまえて先に進みたい。

●警告としての前兆

前兆のきざしは、21世紀に入るとともに始まった。

ブッシュ（ジュニア）大統領時代の2001年9月11日に、アメリカ同時多発テロ事件がぼっ発し、二つの貿易センタービルの住人や消防署員、飛行機搭乗者など約3000人が死亡した。これを機に、2003年にアメリカ軍とイギリス軍によって、「イラクの自由作戦」の名のもとに、ありもしなかった大量破壊兵器めざしてイラクへの空爆が始まり、2011年のオバマ大統領による完全撤退まで続くイラク戦争となった。この戦いで、4万人の軍人と50万人にのぼる民間人が犠牲になったといわれる。

いっぽう、地球温暖化が原因とされる気候変動が激しくなり、2005年8月に、ジョージ・W・ブッシュ大統領の出身地テキサスに隣接するルイジアナ州のニューオーリンズに、最強のカテゴリー5のハリケーン「カトリーナ」が上陸した。市の8割が水没し、48万人の市民に避難命令が出されたが、州兵の多くがイラクに派兵されていたため、救助活動や治安維持が手薄になったうえ、大統領令の対応が遅れ、結果的に2500人以上の死者・行方不明者を出してしまった。このためブッシュ大統領の支持率が急落した。

この状況を憂慮した宇宙からのレスキュー部隊が、ブッシュ大統領に対し、不気味なプレッシャーをかけるという事件が発生したのである。安易に戦争を起こしたりせず、やがて来る大変動にもっととまじめに対応せよという警告として、驚愕すべき巨大UFOが、当時「西のホワイトハウス」といわれたブッシュ大統領のテキサス州の私邸に現れたのである。良きにせよ悪しきにせよ、アメリカ合衆国は地球という星の中心的な国家であり、この世界の未来に責任があるからであろう。

2008年1月8日夕方、テキサス州ダラス南西部で、巨大な正体不明光体群が飛び回り、軍のジェット機が騒がしく追跡しているのが目撃された。

午後7時15分、ダブリンという町の上空1000メートルほどに「二つの巨大な琥珀灯をつけたスクールバス状の物体」が現れ、ゆっくり東南に移動していくのが見られた。あるときは停止したかと思うと、急に少し進んだりして、のろのろと移動していく。

物体は少しずつ高度を下げながら、一直線に東南に向かい、1時間ほどかけて80キロ先の地点に到達する。ここで米連邦航空局の自動追跡レーダー・トラックは消える。これは、物体が高度600メートルを切って地上に接近したことを意味する。ちょうどその直線上16キロ先には、「西のホワイトハウス」と呼ばれたブッシュ大統領の私邸があるクロフォード農場があったのである。この巨大ＵＦＯはブッシュ大統領の私邸に着陸したのだろうか。

ブッシュ大統領宅ににじり寄るようなこの飛行の仕方は、一種の威嚇行動のようにも感じられる。単なる脅しだけで終わったのか、このとき何らかのメッセージを与えたのかは不明だ。

この日のＵＦＯ群の航跡や、フォートワースの空軍基地などから発着する数十機のジェット戦闘機に関する業務日誌やレーダー資料は、米連邦航空局に対し、情報の自由化法に基づき、ＭＵＦＯＮ（相互ＵＦＯネットワーク）が2万8０００枚を入手し、解析している。しかし、物体の形状や大きさはこの段階では明確にならなかった。その驚くべき全貌は、事件全体で数百人にのぼる目撃者の証言からしだいに明らかになってくる。

●最大のＵＦＯは長方形だった

最初のＵＦＯ出現事件は1月1日に起きていた。

テキサス州ダブリンに住む37歳の溶接工リッキー・ソレルスは、オークの木の林に囲まれた家に妻と娘で住んでいた。

元日は休みで、太陽はまだ樹木の上にあった。鹿狩りをする絶好のタイミングだった。9倍の望遠照準器を備えたライフルを持って裏の林に入っていった。獲物を探して木々の間を進んでいくうち、ふと見上げると空が異様なものにおおわれているのに気付いた。

表面は銀灰色で、孔が碁盤の目のように等間隔に配置されている。しかし、林の樹木が地平線をさえぎっていて、物体のはしが見えない。

ソレルスは、その物体が何なのか見極めようとして、ライフルの望遠鏡でのぞいてみた。「恐怖心は感じなかった」という。

彼は、報道記者や研究者らからのインタビューに次のように証言している。

「それが何だったかはまったくわからなかったが、錫《すず》のような灰色で出来た1枚の鉄板のように見えた。全体に網の目のような格子状に、上下左右、はるか遠方まで12メートル間隔に孔が開いていた。表面には、ボルトやナット、リベットのような接合点がなく、どのような継ぎ目も見られなかった……。表面全体は、何か熱によるかげろうのように揺れていることに気付いたが、水蒸気ではなかった。孔の凹みをよく観察すると、深さが約3メートルで、入り口の直径が約2メートル、奥の方は直径1メートルほどになっていることがわかった……」

なぜこれほどまで詳細にUFOの構造をソレルスが認識できたかというと、物体が90メートルの近さまで高度を下げて接近してきたうえ、持っていたライフルのスコープが強力で、3～9倍のズームをフルに使いながら孔の構造を観測できたからだ。

当時、彼は金属溶接工の仕事をしていた。だから、物体の材質や接合の状態に関心を示したのは自然なことで、結果としてこの巨大ＵＦＯの構造が判明したことは幸運としかいいようがない。

では、この巨大な物体はどのくらいの大きさのものだったのか。それは、１週間後に大統領私邸に向かったＵＦＯ出現の直前の目撃者が明らかにしている。

ダラス南西部１００キロほどにある四つの町で、元日のソレルスの目撃以来、少なくとも50人以上の目撃者があった。しかし、それは名乗り出た人の数で、実際はその何倍もの人々が見ていたといわれる。

現地目撃者の証言は一致しており、1月8日の日没のころ、夕暮の空に巨大な一つの構造物があり、それを取り囲むように、黄色や赤、青、白のまぶしい光を見たと言っている。

その構造物がどれほどの大きさなのかを明確にしたのは、地元で運送会社を営むスティーブ・アレン氏（50歳）であった。彼は自家用飛行機を持ち、30年以上にわたるパイロットの経歴があったので、航空機の距離や大きさ、そして速度などについて非常に的確な判断ができた。

アレン氏は、午後6時12分、グレン・ローズにあるオフィスから、仕事を終えて自宅でキャンプ・ファイアーをするため旧友二人を車に乗せ、個人で所有する飛行場と自宅があるセルデンの丘陵地に向かっていた。

夕日が地平線に落ちようとしていたそのとき、右手の方から四つの白い光体がすごい速度で近づいてくるのを見た。

「おい！　右手のあれが見えるか？」と、隣席の友人たちに声をかけた。

「見えるぞ！　何だろう？」と、一緒にいた他の二人もそれに気付いた。

この時の状況について、アレン氏はＡＢＣネットワーク・ニュースに次のように答えている。

「四つの光体は、長方形の巨大な構造物の四隅に位置していることがわかりました。その長方形の長い一辺は１６００メートルほどあり、短い一辺はその半分（８００メートル）くらいです。そこは私の飛行場エリア内で、離着陸する航空機の距離や大きさ、そして速度などを私は正確に認識できるのです……。長方形をなすその物体は、私たちとの距離が30キロメートルほどになったあたりから徐々に速度を落としているように見えました。はじめは時速４８００キロメートル（マッハ４＝ジェット旅客機の5倍）くらいでしたが、やがて私たちの近くに来たころには、一般の旅客機ほどの速度である時速４８０キロメートルくらいになっていました。それはセルデンの丘の頂上北部の地表から９００メートルくらいの高さを通り過ぎていましたが……」

だが、それはショーの始まりにすぎなかった。

アレン氏たちがいた所を通り過ぎるころには、物体の速度はほとんど停止しているに近かっ

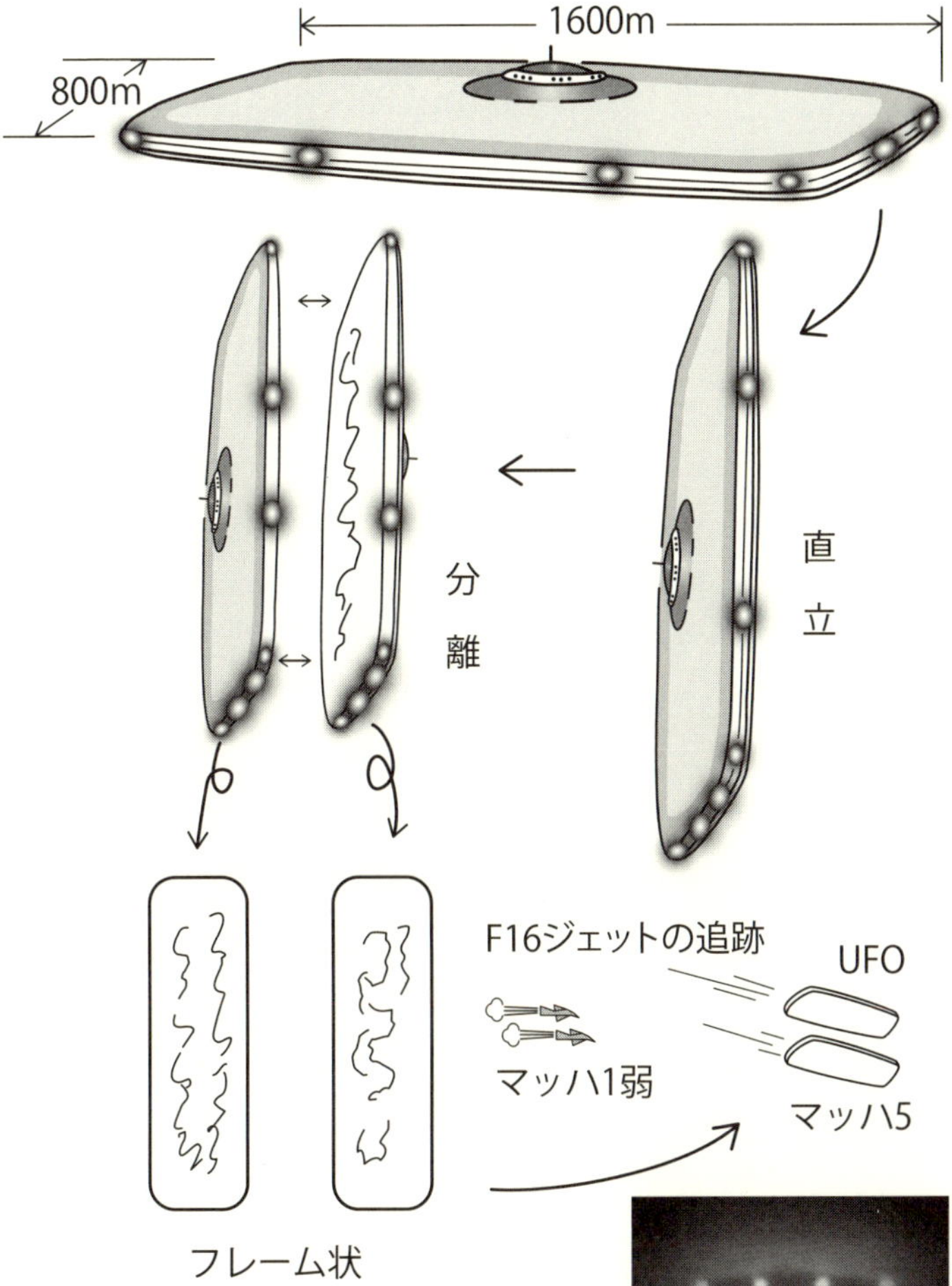

図①　長方形UFOの展開図

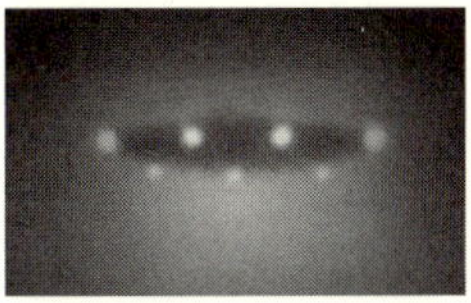

実際に撮影された長方形UFO

たという。そして過ぎ去っていくときには、4個の光が水平になるとともに、光の数が水平に等間隔に7個になったという。これはどういうことかというと、それまで四隅のランプだけが点灯されていたものが、各ランプの間に二つずつランプの点灯が増えたのである。したがって長方形の一辺には四つのランプがつき、斜めから2側面をみると7個の光体となったことを意味すると思われる。

7個の光体が一直線に並んで飛行してきたあと、弓なりになってアーチ状に変わっていったかと思ったら、数秒後には垂直に立ち上がり、縦の一直線に配置が変わっていったという。つまり、水平に飛んできた長方形UFOは、停止してから、ランプの数を増やしながら身をひねるようにして垂直に立ち上がったことを意味するのだ。

そして次の瞬間には、垂直の7個の光列を持つ2本の柱状になっていったという。これは、1枚として構成されていた長方形物体が、二つにはがれて2枚になったことを示している。これによって非常に興味深い構造が明らかになるのだ。

7個の光体は非常に明るく輝いていたといい、アレン氏は「一つの光体の大きさは月の4分の1ほどあった」という。

夕闇を背景にして、光体の明るさが際立っていたため、本体の構造は認識できなかった。しかし、光体の配置の変化は物体の構造と飛行状況を明確に表現している。

●驚くべき方形ＵＦＯの機能

２枚に分離して天空に立ち上がったこの物体の壮観さは、想像を絶するものだったに違いない。日本の最高層建築物であるスカイツリーの高さは６３４メートルだが、セルデンの空に巨大なイルミネーションを備えて立ち上がった長方形ＵＦＯは、その２・５倍もの１６００メートルという高さになる。

この巨大構造物はなんであろうか。証言者たちの話を総合すると、緊急時に備えたレスキュー用の輸送船ではないかと考えられるのだ。それも惑星規模の移住船といえるほどである。

まず、最初にリッキー・ソレルスがライフル・スコープで見たくさんの孔であるが、全天空をおおっていた平らな板は、スティーブ・アレンの頭上で２枚に分離した長方形ＵＦＯの内接面であろう。そこに、12メートル間隔で碁盤の目のように配列されている孔が存在していたのである。目撃証言や撮影された写真類をみると、ＵＦＯそのものの外側は曲面になっているので、ソレルスが「錫のような灰色で出来た１枚の鉄板のように見えた」といっている表面は、全面がまったく平版になっていて、それが普通は合わさって飛行していると考えられるのである。

では、それがどういった機能をするときに分離されて使われるかを考えてみよう。

おそらく、その機能には2種あるように思われる。

一つめは、ソレルスが見たようにして地上に接近してきて、地上にいる人間や生物を吸引して救い上げるためだ。孔の大きさといい、ロート状になった構造は、その用途に適しているといえるだろう。

もし、その孔が全面にあるのなら、穴と穴の間隔が12メートルあるのだから、1600×800メートルの平面には8500個以上の穴があいていることになるだろう。そうすると、一度に8500体もの人間や生物を吸引できるということになる。

ではここで、船体の構造から、この宇宙船に何人の人間を収納できるかを推測してみよう。

この時期に撮影された巨大UFOの複数の写真から、長方形の板状物体の厚みを推定すると、だいたい60メートルくらいだと思われる。これは、一般の高層マンションの20階に相当する。もしこれを新幹線なみの座席数、つまり1人1平米と考えると、およそ1機に2500万人を積めることになる。だから、4機あれば1億人を運べるのだ。もちろんこれは詰め詰めでの話で、トイレや洗面所、食堂などを考慮すれば、その分を差し引かなければならない。もしぜいたくにゆとりをもって考えて、豪華客船クイーン・エリザベス級の設備にしようとすれば、6万人くらいにしかならない。そうした設備は、運搬する目的地までの飛行時間に応じた設定に

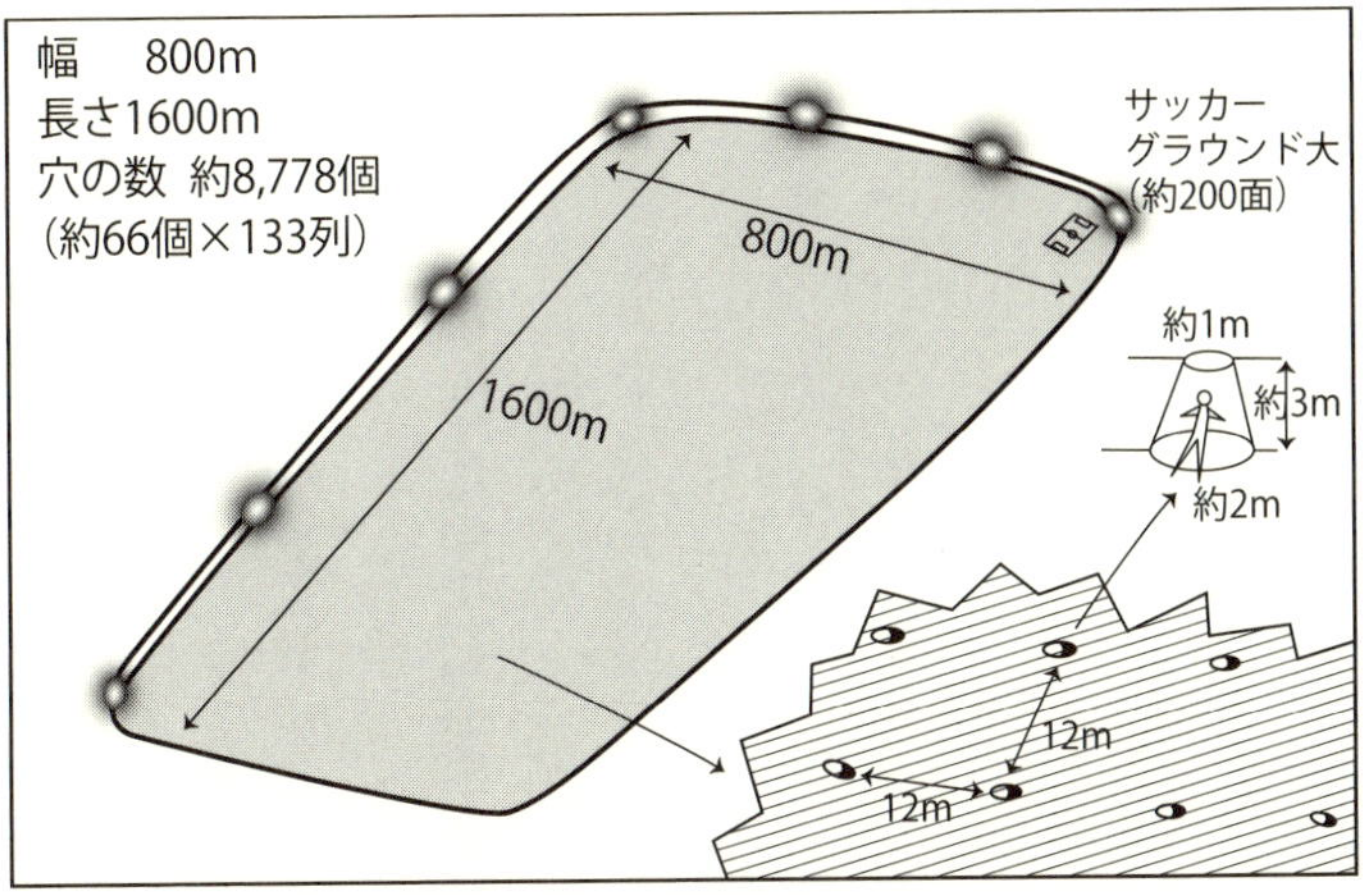

図②　長方形UFO分離後の内面拡大図

なるだろうし、搭乗者がどのように使うかによる。

ちなみに構造的には、この１機の長方形物体は２枚に分かれ、それぞれの機内の重力方向は反対になるはずである。

もう一つの機能は、ソレルス氏が孔のある平面に見た「かげろう」のような背景の「揺れ」に関係する。巨大な長方形ＵＦＯの２枚にはがれた内側は、夜間になると「３Ｄの電光掲示板」のようになるのである。日没後にアレン氏が友人と共に立ち上がった巨大ＵＦＯが２枚に分かれるのを見ていたとき、分かれた２枚の内側の面にかげろうのような絵柄があらわれ、数秒後にプレート面をこちら側に向け、２枚になった電光掲示板が炎に包まれたかと思うと、それぞれ数百メートルもある石板が浮き出し、その石板に象形文字のようなパターンが現れたというのだ。一つの掲示板に１個の石板だから、２枚の掲示板で2個の石板が現れたのである。つまり、巨大な長方形UFOは、2枚のフレーム状となった「3Dメッセージ・プレート」になるのである。

この事実を聞いて、何かを連想されないだろうか。そう、モーセがシナイ山で神から与えられたという「十戒を印した石板」である。十戒の石板は2枚であった。（出エジプト記36－28）

●フレームに浮き出た石板の文字

事件が起きたテキサス州は、アメリカ合衆国の中西部から南東部にわたる「バイブル・ベルト」といわれるキリスト教信仰地帯である。カトリック系からプロテスタントまで、ヨーロッパの国教からたもとを分かった独立系清教徒たちの入植地帯で、教会への出席率が高く、聖書絶対主義で、進化論の教育を禁止している地域もあるくらいだという。そうした理由からか、巨大電光プレートを目撃したダラス南西部の人たちは、「まさに旧約聖書の出エジプト記に出てくる火の柱を思い浮かべた」と述べていた。

およそ3800年前に、モーセがヘブライ人を連れて40年間サハラ砂漠をさまよった様子について、聖書には以下のように記されている。

「主は彼らの前に行かれ、昼は雲の柱をもって彼らを導き、夜は火の柱をもって彼らを照らし、

昼も夜も彼らを進み行かせられた。昼は雲の柱、夜は火の柱が、民の前から離れなかった」（出エジプト記13－21）

「モーセが幕屋に入ると、雲の柱が下って幕屋の入口に立った。そして主はモーセと語られた。民はみな幕屋の入口に雲の柱が立つのを見ると、立っておのおの自分の天幕の入口で礼拝した」（出エジプト記33－9）

このように雲の柱、あるいは火の柱の中にある「主」なる宇宙人とモーセのコミュニケーションは、非常に多岐にわたり、あるときは声で、あるときは物理的現象をともなった手段で行われている。ときにはケルビム（出エジプト記25－18）という通信機のようなものを作らせてもいる。エジプトを脱出したヘブライ人の人数は60万（出エジプト記38－23）ともいわれることから、拡声器や巨大な電光掲示板のようなものが使われたとしても不思議ではないだろう。

さて、テキサスで見られた巨大な石板にあらわれた文字であるが、これを見たアレン氏たちはそれを判読することはできなかったが、後日近郊で撮影されたビデオ映像の中に多数の文字パターンが撮られたことが明らかになっているのだ。そのパターンの形状が、実は１９５２年にソノラ砂漠でイエス再臨としてＵＦＯから現れた宇宙人が地面に残していった足跡や、その23日後にアダムスキーの住居にＵＦＯから投下された写真乾板の文字パターンと同じだったのである。

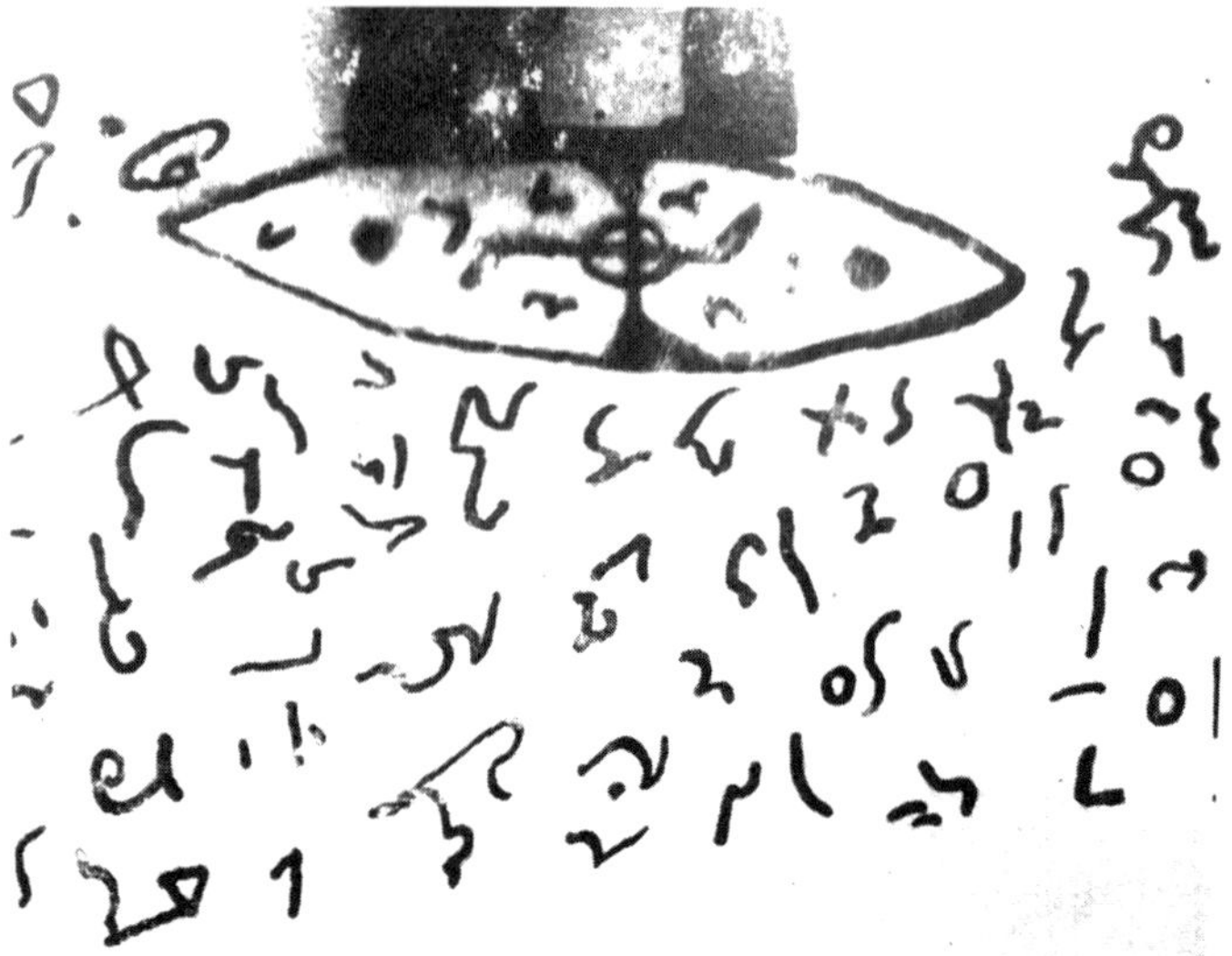

写真⑩　アダムスキーが受け取った宇宙人の文字パターン

これは、キリスト再臨と「終わりの時」に向けての前奏曲であろう。それは兆しであり、忍耐の時期における準備期の学習になる。事が起きて、いよいよ天に召されるとき、何が起きるのかをこのテキサス事件は示しているのだ。

「わたしの父の家には、住まいがたくさんある。もしなかったならば、わたしはそう言っておいたであろう。あなたがたのために、場所を用意しに行くのだから。そして、行って、場所の用意ができたならば、またきて、あなたがたをわたしのところに迎えよう。私のおる所にあなたがたもおらせるためである。……わたしはあなたがたを捨てて孤児とはしない。

あなたがたのところに帰って来る。もうしばらくしたら、世はもはやわたしを見なくなるだろう。しかし、あなたがたはわたしを見る。わたしが生きているので、あなたがたも生きるからである。……　わたしは去って行くが、またあなたがたのところに帰ってくる。」

（ヨハネによる福音書14－2、18、28）

すでに、この福音書に書かれたように、われわれの太陽系に代わる新しい別の太陽系が見つかっており、人類が住める状態になっていたとアダムスキーは述べていて、それがどのへんかを示していたという。だから現在もそこに向けて、この太陽系の移住が進行中なのだ。

そしてやがて、次の段階がくる。

「わたしはまた、新しい天と新しい地とを見た。先の天と地とは消え去り、海もなくなってしまった。また、聖なる都、新しいエルサレムが、夫のために着飾った花嫁のように用意をととのえて、神のもとを出て、天から下って来るのを見た。……　もはや、死もなく、悲しみも、嘆きも、苦労もない。先のものが、すでに過ぎ去ったからである。」

（ヨハネの黙示録21－1、4）

この太陽系は終わりを告げ、新しい太陽系にわれわれは住むことになるということである。

●方形UFOの存在は隠された

「天から来られる方は……見たこと、聞いたことを証しされるが、誰もその証を受け入れない……」（ヨハネによる福音書3－31）とあるように、このテキサスの事件はその後、1カ月以上にわたって続いたが、実情はメジャーな媒体で広く報道されることなく消え去ってしまう。

この教訓は、いざというとき、次のことばに続くのかもしれない。

そのとき、人の子が大いなる力と栄光を帯びて雲に乗ってくるのを人々は見る。このようなことが起こり始めたら、身を起こして頭を上げなさい。……放縦や深酒や生活のわずらいで、心が鈍くならないように注意しなさい。さもないと、その日が不意に罠のようにあなた方を襲うことになる。その日は、地の表のあらゆるところに住む人々のすべてに襲いかかるからである。起ころうとしているこれからすべてのことから逃れて、人の子の前に立つことができるように、いつも目を覚まして祈りなさい。

（ルカによる福音書21－27、34）

たぶんに比喩的な表現があるにしても、おそらくは宇宙からの方形のレスキュー船に乗るときに、それなりの覚悟が必要になるという意味であろう。

テキサス事件の顚末《てんまつ》をもう少し説明すると、ダブリンの自宅から、回転する板状物体を見たロイ・リーという郡警察の巡査が、「最も明瞭に物体を確認できる映像は、２００８年1月8日午後7時30分にスティーブンビル（郡庁所在地）市内を巡回中に、３人の仲間の警官がパトカーの車載カメラで撮った大写しの画像（ダッシュボード・カム・ビデオ）だった」とテレビのインタビューで証言している。しかし「そのビデオ画像は、軍の〝お偉いさん〟が見たいといって持っていってしまった」という。結局、決定的なビデオ画像は軍に没収されて、二度と出てこないことになってしまった。

目撃したときの状況は、パトカーを運転しながら裁判所の近くに来たとき、物体はほとんど空中に静止し、物体の表面は、光沢のない濃いグリーンで、暗闇の迫った夜空にほとんど溶け込んでその存在がわからないくらいだったという。そして、物体の中央部には、上下に大きなキャビン状のドームがあり、そこには窓が並んでいて、そのドームの天頂から散発的にストロボ発光するアンテナ状のポールが突き出ていたらしい。翼の先端は2枚の皿が合わさっているように見えるものの、物体が上下に分離する場所に深い溝が見え、その間から照明光がもれていた。外辺をとりまくヘッドランプの構成は、四隅の部分に小さく動きまわる赤色灯と、側面に2個の直径10メートル以上の強烈な白色灯が位置していた。赤色灯は、飛行するときは巨大な白色灯に変わるという。物体が水平から垂直に角度を変え、そのまま飛び去る間、何の物音も聞こえなかった。このように無音で状況が展開したということは、のちに軍が「ジェット機を飛ばしていたので、それの誤認だ」と言い訳をしているが、それはまったく通じる話ではない。

テキサスの現地では、目撃者たちに対し、ひどい個人攻撃のいやがらせが軍当局から行われ、事実を忠実に報道した新聞記者は首にされ、目撃者たちの多くは、口外することに対して恐怖を感じるほどの軍当局からの抑圧があって、匿名者が大半だったといわれる。そのため、状況の総合的な把握は困難をきわめ、それ以降の報道は途絶えてしまった。この辺の詳細は、ジム・マースの『マスメディア・政府機関が死にもの狂いで隠蔽する秘密の話』が参考になる。

●ノアの箱舟は金属製の宇宙船だった

30年ほど前になるが、「アポロ計画で月に行った宇宙飛行士が、ノアの箱舟が流れ着いたといわれるトルコのアララト山に何度も登山している」というニュースが話題になったことがあり、どういうことなのだろうと思って調べたら、今でもそこに箱舟の残骸があるので調べていたということだった。

その宇宙飛行士というのは、アポロ15号の船長だったジェームズ・アーウィンで、地球に帰ってきてからキリスト教の宣教師になったという。彼がなぜこのような発想をしたかについて、当時のテレビのインタビューで次のように述べている。

「月面で地球を振り返って見たとき、そこは何億という人々のために神が造られた場所であると悟ったのです。そして自分たちの宇宙船のまわりには、頭に輪こそないけれども、多くの天使たちが飛び交っているのを強く感じました」

これは単なる精神的幻想のようなものではなく、地球外の知的実体とのテレパシー的な事実認識に違いない。というのは、ＮＡＳＡのアーサー・オルトンという科学者が「すべての有人宇宙船はＵＦＯによって観察されていた」と発言しており、事実、最近にいたるまで、多くの宇宙飛行士たちがＵＦＯとの遭遇体験を告白しているからである。

またアーウィンは、宇宙飛行士間のテレパシー的な体験を持っていたとも言う。

「地球とまったく異なると感じたのは、月に向かっていたときと月面にいたときです。いままでに体験したことのない感覚をおぼえました。わたし以外の精神的、心理的な動きをキャッチできるという能力です。つまり、コミュニケーションなしで理解し合える能力とでもいいましょうか。月面で作業している間、たがいに何が起こっているかわかってしまったのです」

さらに、地球外の宇宙船との遭遇もあったと言っているのだ。

「それは地球へ戻ろうとしていたときのことです。わたしはいままで見たこともない宇宙船が飛び交っているのを見ました。くわしくは説明できませんが、乗組員全員がそれを見たと報告しています。ある人たちはほかの惑星の宇宙船だろうといっています。

地球に帰ってから、わたしは地球で起こった不思議なことを調べています。ヨルダンへ行ってアークを探したり、ノアの箱舟を探しにトルコへ何度も行ったりしています。一昨年は3回も行きました。アララト山の山麓斜面に、大きな船があるといわれています」

アーウィンは、宇宙飛行したときから超常的洞察を持ったのだろうが、月から帰った翌年からアララト山の探検隊を組織したようで、それだけの行動を起こさせた理由が何だったのか、それが明らかになるのは、今世紀に入ってアメリカの情報機関が持つトップ・シークレットの期限が過ぎて開示されてからであった。UFOの中から見つかったヘブライ古文書や死海文書の解読と同様に、ノアの箱舟の残骸の存在についても調査されており、偵察機が撮影した写真や、その素材が金属製で、長方形をしていたことなどが次第に明らかにされ、さらには回収された残骸の一部がアメリカ国内の博物館に所蔵されているといったことまで情報機関の機密文書に残されていたのである。軍の機密情報は、そのまま宇宙開発関係情報につながっていくわけで、そうしたルートからアーウィンが情報を得て行動を起こしたことも十分考えられる。

●惑星移住は始まっている

ノアの箱舟の時代は、おそらく地質年代で1万年前に起きたヤンガードライアス氷期の終了時期にあたり、急激な氷河溶解による大洪水などで古代文明が失われた時代であったといわれる。その時代にも地球外の宇宙船がやって来たということなのだろうか。ケイシー・リーディングの中には、それを暗示する内容も見受けられる。そして、現代もまた同じように、文明が滅亡するような大変動が近づいているのであろう。数千年や数万年という流れは、スペースプログラム的にみればひと続きなのかもしれない。

このような思想は、アメリカ・インディアンの伝承の中にも見られる。

ホピ・インディアンの１００歳を超える長老が、車椅子で国連の軍縮委員会に出席して演説したことがあった。それは、ホピの予言では、いつか世界が大きな問題に直面し、そのとき世界の指導者が戦争によらずに問題を解決するために「雲母の家」に集まると伝えられていたからだった。この「雲母の家」とは、国連の建物を予言しているというのだ。

ホピ族が伝承していた予言を発表することに決めたのは、第二次大戦の直後、ちょうどロズウェル事件が発生した次の年だった。それは、彼らが太古から受けついできた予言の石板の中に、第一次、第二次の二つの世界大戦と、「灰がびっしりつまったヒョウタン」と呼ばれていたヒロシマ、ナガサキの原爆投下がシンボルとして刻まれていることがわかったからだという。

この予言の石板には、彼らの歴史が記されているとともに未来の姿も記されていた。そもそも彼らは、最初の時代の星から「この地球」に移住してきたと言っているのだ。アメリカ大陸における各種族の配置や生活の秩序をまもる2番目の時代のあと、世界の戦争と原爆の時代となる3番目の時代が現在になる。しかし、大地と生命を破壊すると世界が滅亡するという警告があって、そののち4番目の汚れのない美しい世界へいく、となっている。この石板は、初期の移住のときに与えられた「ユニバーサル・プラン」、つまり宇宙の計画だと長老たちは言う。

アメリカ先住民の歴史は、アラスカから南米にいたるまで広大で多種多様であるが、北米に限れば、ユタ、コロラド、アリゾナ、ニューメキシコの州境が交差するフォー・コーナーズ周辺に遺跡が多い。そしてこのエリアは、戦後のUFO時代の遭遇事件多発地帯であることに気付く。もちろん、この地域がアメリカの核開発の中心であったこともその原因であるが、もっと歴史をさかのぼると、どうやら宇宙的な接点があるようだ。

たとえば、コロラド州のグランド・キャニオンの一角にアナサジ族が残した遺跡はメサ・ヴェルデ国立公園になっていて、世界遺産でもあるが、ここに2000年ほど前から住んでいた種族は、６００年ほど前に突然いなくなったといわれる。その理由は謎とされているが、こうした地域的な集団失踪事件にＵＦＯが関係しているという事例が、ヨーロッパから白人種が入る前後にいくつもあったと報告されている。

また、世界の方形遺構の中にもその気配を感じさせるものがある。

インドネシアのジャワ島にあるボロブドゥール遺跡は、８世紀に大乗仏教を奉じていた王家が建てた、一辺が１１５メートル、高さ42メートルの方形の複合仏塔である。奇妙なのは、上段の釣鐘状のストゥーパと呼ばれる仏塔72基で、その中に等身大の仏像が一つずつ置いてあることだ。わたしは前著で、大無量寿経などで釈迦がこの宇宙の中に多くの仏国土（星）があり、そこに多くの仏が住んでいることを説いたと述べたが、ボロブドゥール遺跡はその釈迦の言葉を表した遺跡だとすると、なぜ方形にしたのかも気になるのだ。

おそらくは世界最大ともいわれるこの巨大仏塔建設のころ、ジャワ中部にテキサスで目撃されたような巨大方形ＵＦＯが出現し、信心深い人々と接触したのではないか。ストゥーパの中の仏、もしくは天使は人間の姿として造られているのだから、そのような宇宙人がそのときの方形ＵＦＯの中にいたのであろう。

同じような建造物として、カンボジアのアンコール・ワットがある。これは12世紀に建てられた、１０００メートルを超える長方形の濠《ほり》で囲まれたヒンズー寺院であるが、15世紀に放棄され忘れ去られてしまうのだ。のちに仏教寺院として改修されたというが、その前に無人となったとき、なにがあったのだろう。インドの古いヒンズー経典には、天使たちが乗る空飛ぶ機械の船の描写が頻繁に出てくることから、宇宙的接触の可能性があったのかもしれない。

また、天孫降臨の伝説をもつ日本の大和民族はどうであろうか。古墳の形は同じように濠をめぐらせ、前方後円墳で、方形と円である。宇宙との接触はなかったのだろうか。

第八章　ＵＦＯは「生命の科学」法則で動く

●ヘブライの暗号コードは言霊か

ロズウェルに墜落したUFOの残骸には、死海写本と同じコード化された古代ヘブライ文書だけでなく、パイロットの死体や機体の金属片など、さまざまな材料が含まれており、それらは高度なテクノロジーの産物だったことが判明する。それらの科学的な分析には、けっこう長い時間がかかっているものもあるが、解明されて軍事や最先端技術として日の目を見たものさえあることがわかってきた。

最近亡くなったフィリップ・コーソーというペンタゴン（米国国防総省）の元職員は、いまでは誰もが使っているコンピューターのICチップである半導体はもとより、レーザーや光ファイバーなどは、ロズウェルに墜落したUFOの残骸から生まれたものだということを『ペンタゴンの陰謀』という本で暴露している。彼は、上司から引き継いだそれらUFOの高度なテクノロジーに関するデータを民間の企業などに供与したというのである。

さらに彼は、当局が解明したUFOの構造について説明しているのだが、特に注目しなければならないのは、「ロズウェルの宇宙船の推進システムは、電磁波によって重力を無効にし、船体周辺の磁極を転換することで制御されたようだ」と言っている部分である。つまり、ロケットやジェットのような推進力ではなく、電荷による反発力だったというのだ。そして、カリフォルニア州の空軍基地で実験が始まってさらにわかったのは、「宇宙船全体が巨大なコンデンサーの役割を果たし、宇宙船そのものが電磁波を発生させるので、重力は船体を包み込む電磁波の外側を覆うかたちになり、Ｇ力の影響を受けずに重力から脱出して超高速になれる」ということ。つまり、急加速や急停止でも慣性の影響を受けないということだ。

そして、ここからが重要なのだが、パイロットはどうやってＵＦＯを操縦していたのかといえば、「その秘密は、パイロットの体に密着していたあの服にあるとわたしは考えた。あの不思議な繊維によって操縦士が蓄電作用の一環をなしていると思われ、彼らは宇宙船を操縦しただけではなく、宇宙船で電気回路の一部となり、人間の随意筋と同じ要領で宇宙船を動かしたのだ。宇宙船はからだの延長部にすぎず、あらかじめ神経系に組み込まれていた」というのだ。ＵＦＯのパイロットはロボットだったのだろうか。あるいはこれは、思考と連動したシステムを意味するのだろうか。

コーソー氏は、これらのことは雲をつかむような話だったが、電源さえ開発できれば可能なはずだと考えていたという。だが一方で、事件から50年たった時点でも、これはまだ開発途上にあるといっていた。

ところが、今世紀に入ると、イギリスの青年マッキノンが、地球防衛のための地球製の宇宙艦隊と思われるデータを、政府研究所のコンピューターに侵入して見たように、地球でも反重力飛行が実用化されてきているか、具体的な実用段階に入っていることが漏洩《ろうえい》するようになり、さらに民間レベルでもその可能性がでてきているのだ。というのは、そのような地球製UFOが現実に世界の空を飛んでいるという報告があるからだ。しかもこの報告によると、反重力テクノロジーには暗号コードと物心一体化の高度な技術が含まれている状況がうかがえる。ロズウェル事件の残骸で発見された、古代ヘブライ文字の暗号コードに連動する可能性が感じられるのだ。

このようなシステムというか、物質と精神が連動するような法則性を含むテクノロジーというのは、おそらく量子力学的な理論につながると思われるが、このことは日本にある「言霊《ことだま》」の思想を彷彿《ほうふつ》させるものがある。いわば、言葉に含まれる想念を現象化させる法則と原理がテクノロジーとして実現していると思われるのである。

●シリコンバレーで生まれた地球製UFO

この民間ベースの報告というのは2007年のことで、ネット上に、自称アイザックという人物が出しており、研究にたずさわった時期は1984年から3年間のことだったという。彼は、コンピューターのプログラムコードの技術者として、シリコンバレーにあったＮＡＳＡの最も古い研究所であるエイムズ研究センター近くの政府機関で墜落ＵＦＯから回収された部品の分析を行っていた。

興味深いのは、彼のいた研究所が、半導体がＵＦＯの部品だと暴露したコーソー氏と同じペンタゴンの部局だったことである。しかも、コーソー氏と同じように、その研究内容は民間の商業用に設計するためにＵＦＯの部品がどのように作動するかを見極めることだったのである。そしてその部品は、ＵＦＯの構造上最も重要な反重力効果を生み出す部分だった。

しかし、動力部分といえども、それはペンチとドライバーでばらして組み立てるようなものではなく、コンピューターと同じように記号コードと一体になって形成されていたのである。まず記号配列があって、それによって形があらわれるという代物だ。だからプログラマーのスペシャリストが起用されたわけである。

研究所のまわりは、軍の警備が極めて厳しく、出入りには完全なボディーチェックが行われた。こうしたがんじがらめの状況に、彼は反感を感じるようになっていったという。そして、このような驚異的事実は秘密裏に解明するより、一般に公開して広く知らせることがいかに重要かを考えるようになった。彼いわく「それは地球上の人々の生命と人生に関し、天地がひっくりかえるような衝撃を与える事実だ」という言い方をしているほどだ。そういう気持ちをもって、彼はデータをコピーしてベルトの中に隠して持ち出すようになったのだという。

コンピューターは、0と1のコード配列で物事が生まれる原理だが、そこからコンパイラー理論で機械に反映する言語におきかえられ作用が生じてくる。そして、映像や3D形成などへと表現されていくわけだが、彼はこの分野でも高度なスーパー・コンピューターのソフトを扱う専門家だった。この部署のメンバーは、当時のコンピューター・トップ企業から優秀なプログラマーが引き抜かれていたという。また、この方面のソフトとハードの科学者や技師、また物理と数学の高度な専門家といった200人ほどの民間人が集められていた。そして建物全体は機関銃と高級将校による堅固な警備で固められていたのである。

すぐ近くにあったNASAのエイムズ研究センターというのは、月面探査計画に始まり、金星や火星、そして太陽系を離脱したディープ・スペース探査のパイオニア計画などを行っていた宇宙開発の頭脳ともいえる広大な施設である。そこには計算科学や人間工学、人工知能などの部門があるといわれ、おそらくはUFOのデータも集積されているのであろう。

ここで不思議なことが起きていた。この研究所で分析中に、しばしばUFOの部品は既存のスーパー・コンピューターをはるかに超えるような規模で自然に拡大増殖していったことがあったという。これはなぜだろう。

それは空間自体に宇宙の構造を内包しているからで、惑星や太陽系の構造、そして生命や知能にいたるすべてのひな型があり、自然発生的に形成されて進化していくということが考えられる。現在、スーパー・コンピューターは「宇宙論的シミュレーション」によって惑星や銀河団の進化を再現できるほどになっているが、まだ取り込まれた法則性に未完成な部分がありそうだ。ＵＦＯの部品には、それをはるかに超えた宇宙法則にのっとって作動する機能が備わっていたといえるだろう。

まさにＵＦＯの機体はそのようにして造り上げられていたのだ。

アイザックの報告によると、この航空機には主に次の三つの機能が備わっていたという。

①反重力の浮上飛行
②機体の透明化
③三次元映像の投影力

興味深いことに、これらの能力は機体自体がホログラム物体であったことによって表されていたという。ホログラフィーはレーザーによる立体映像を作る写真技術として実用化されているが、像の中にある情報は数学的に表示され、そのパターンは貯蔵することができ、蓄積されたパターンのどこからでも像を再構成することができるといわれる。１９７４年に発表したスタンフォード大学のカール・プリブラム教授の説によると、意識と知覚に関し、実験心理学では、脳の情報処理がこのホログラフィー原理と似た機能を持っていることが明らかになっている。

人間の意識が物質に与える影響を科学的に説明するために、意識工学などが挑戦しているが、立ちはだかっている課題は多い。この分野には、宇宙人がアダムスキーに与えた基本的なテキストが存在しているとわたしは考えている。「生命の科学」講座である。これは「この種のキーが、部分的にも生命をマスターしつつある人々によって地球に授けられたのは人間の歴史でこれが初めて」だという。いわば宇宙人が地球の科学者に最重要な問題を認識する方法を伝えているといえる。

これによると、どうも意識そのものは宇宙の創造の原理、つまり「神」につながっているらしい。したがって、誰もが持っている意識は、魂として個人のデータを集積しているのだろう。つまり、人間そのものが宇宙のひな型なのだ。自分を掘り下げれば理解は無限にひろがる感じだ。それは宗教的にいえば「キリスト」であり、「菩薩」ということになりそうだ。その理解が必要になるということだろう。

そして、そのような法則性を含んだかのような飛行物体が１９８０年代ころから世界各地に出現していることが報告されるようになった。

名づけて「ドラゴンフライ・ドローン」、つまり「トンボ型無人偵察機」といわれるものだ。

●ドローンは進化しながら世界各地に現れた

　この模型のような無人の地球製反重力航空機は、アイザックが研究所にいた１９８０年代中ごろ、イギリスのバーミンガムで最初に目撃されている。形はまさにトンボのようで、長い尾の先端にリングがあり、リングには先端がいくぶん絞られたヒゲ状の冠が載っている。その後、２００５年ごろにアメリカのメンフィスに出たあと、ヨセミテ、アリゾナ、オクラホマ、オハイオなどに現れ、２００７年にオランダで見られたときには、リングから水平に突起がいくつも出ており、ヒゲの冠が下方にもついた形で目撃されるようになった。２００８年にはフランスのパリにも出現している。

　アイザックが公表した報告書には、それら目撃されたドラゴンフライのドローンは出てこない。その代わりに、形成された部品らしき写真が添付されている。不思議なのは、その部品には象形文字らしき記号が配置されていることだ。これが地球上のコンピューターと違うのは、この文字コードのソフトはハードの言語に変換する必要がなく、ある電磁的と思われる場の中に置かれたＣＰＵ的なホログラフィーの計算処理基盤の上では、そのまま作動してしまうということだ。そして一つの物体が形作られる。つまり、言語コードは機能的な青写真であり、物

写真⑪　ドラゴンフライ・ドローン

写真⑫　記号が配置された部品

写真⑬　コード記号図

体があらわれるまで自動的に進むので、どこかでとめるとか修正することはできないという。だから、造られた部品には言語コードがそのままついているのかもしれない。やがてコードの増殖に新たな展開も湧き出して、収拾不可能な大きさに成長していくという。これにはスーパー・コンピューターも手が出ないらしい。それは宇宙の大きさと同じだからであろう。

このことを象徴するような逸話がアダムスキーの発言の中にある。

「葉巻型母船は宇宙における精子を意味する。惑星は卵子だ。そのようにして創造主の代理人としての人類は宇宙に広がっている」というのだ。これはハリー・古山氏がわたしに語ったことだ。なるほど、葉巻型母船は精子に似ていないこともない。その中には進化した宇宙人たちが乗って広大な宇宙を旅している。だとすると、人間はＤＮＡを意味するのだろう。ＤＮＡの中には宇宙の生命の情報がコード状に詰まっているではないか。ドラゴンフライ・ドローンの形も精子に似ているといえなくもない。そのように、宇宙はミクロからマクロまで相似形の構造で出来ているのだろう。

アイザックは、最近目撃されているドラゴンフライ・ドローンについて次のようなことを言っている。

だいたいこれは「基本的には透明で、人には見えないはずだ」というのだ。目撃報告には突然消えてしまった場合もあり、そのようなことが起きるのは何か欠陥があるからだという。Ｄ

NAの突然変異のようなものだろうか。コードに異常が起きているのかもしれない。

彼は、自分たちの研究でドラゴンフライ・ドローンが生まれたと確信しているようで、目撃事件をひどく気にしているようだが、もう一つ気にしていることがあって、それは自分たちが作成していた文字記号が、どこかで見た古代洞窟の壁画にあったようだというのだ。

あるいはテキサス事件に現れた方形UFOが描いた象形文字だろうか。それはアダムスキーがUFOから投げ落とされた乾板に描かれていた文字と同じであり、アマゾン奥地のペドラ・ピンターダ洞窟にあったノアの箱舟の時代と同じ1万年前の壁画の文字でもある。

しかし私には、これが古代ヘブライ文字にも見えるのだ。

●ロズウェルUFOの暗号コード

そもそも、これらのことはロズウェルUFO墜落事件のころ、ニューメキシコで発見されたUFOの残骸の中にあった、ヘブライ語で書かれた古代聖書の解析に関係してくる。それは「信じられないくらい古いヘブライ語聖書の遺稿」だというが、年代とすれば、その遺稿が「ダニエル書」だったといわれることから、紀元前7世紀ごろのことになる。この時代はヘブライのユダ王国とイスラエル王国が滅亡し、バビロンの捕囚を通して新たなスペースプログラムがスタートした時代である。ということは、人類の歴史そのものが、宇宙原理と連動した自然増殖の中にあり、だいたいその流れが青写真として記述できることを意味している。その情報がヘブライ語コードによって出来ていたとすれば、ＵＦＯの反重力的構造も、太陽系の運命も、地球人類の行く末さえも、すべて内包された宇宙意識構造の中に集積されていると納得することができる。

とにかく、ＵＦＯの構造を制御していると思われるヘブライ語とはどんなものだろう。

現在、ヘブライ語を使っている国はイスラエルである。そして日本語にもヘブライ古語が残っているといわれる。日本民族というのは、古代イスラエル王国が滅亡した「ダニエル書」の時代にこつぜんとして消えたユダヤ十支族の末裔である可能性が濃厚にあるということを、イスラエル国民として明らかにしたヨセフ・アイデルバーグ氏は、30年前に『大和民族はユダヤ人だった』を著わしたときに来日しており、その本の制作責任者だったわたしは氏からさまざまなことを聞くことができた。

氏がイスラエルで日本語の勉強を始めたのは１９６３年だった。勉強しているうちに、あまりにも多くの日本語が発音も意味もヘブライ語に似ているのを見つけて驚いたという。その類似性は偶然の一致とは言いきれないほどで、一生をかけて日本の古代史を学び、日本人がヘブライ民族の子孫である可能性を調査する決意をしたのだった。そしてその数年後には京都の護

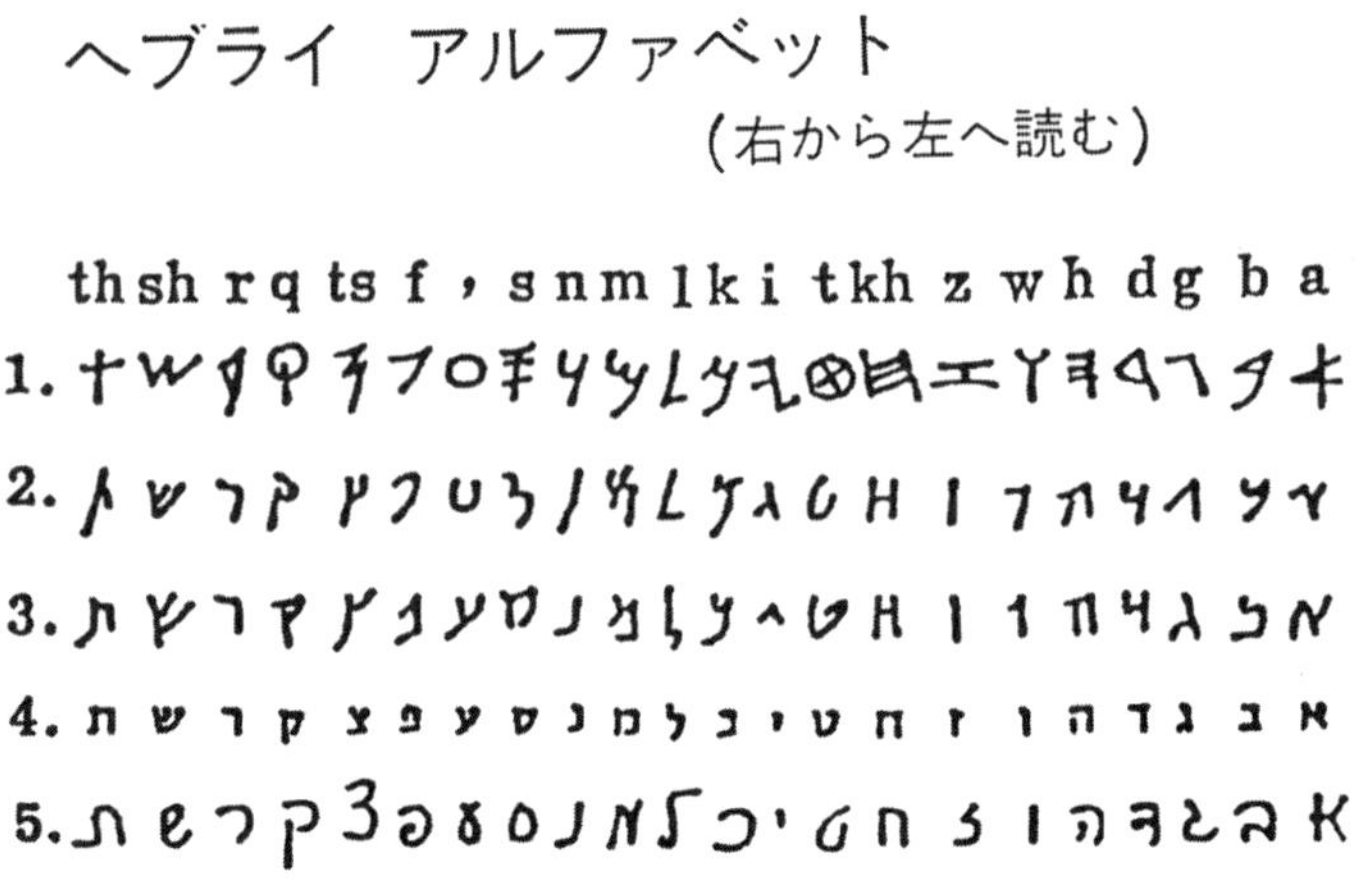

1.ヘブライ・フェニキア：前8世紀
2.ヘブライ・アラム：前6－4世紀
3.死海文書：前1世紀ごろ
4.現代印字
5.現代草書

写真⑭　ヘブライ語の年代別アルファベット
『大和民族はユダヤ人だった』より

王神社に侍者として仕えるなど、身をもってたんねんに調査をすすめている。

　こうして研究するうち、日本人の生活の中にヘブライの伝統が色濃く反映されており、大和の古代史、日本の熟語、カタカナ、ひらがな、そして俳句などはすべてヘブライの習慣を帯びているという結論にいたった。彼は「日本の神々の道は、古代ヘブライの神の道から来ているのではないだろうか」と述べている。日本の大和言葉に類似するヘブライ語は3000にもなるといい、その多くの事例が著作には紹介されている。

ちなみに、ヘブライ語のアルファベット表記の年代別一覧表を同書から紹介しておくが、これに母音記号が加わるとさらに多様化していく。この表から、「Ｆ」は最も古い年代ではカタカナの「フ」に近いことがわかるが、正確には「ふ」と発音させるには「フ」の上に母音の「う」である「＝」の記号がつく。

しかし、これらからドラゴンフライ・ドローンの記号文字を解読することは極めて難しそうだ。専門知識を持つアイザックたちでさえ、基本的なプログラムにそれらの図形を正確に入れ込むのに、６チームで取りかかって１カ月もかかったというくらいで、少しでもスキャンに化けが生じればやりなおしになったというほど難解だからだ。

それでも、それらがコード化された宇宙的なシステムを持っているという基本的な機能を理解したうえで、ロズウェル時代のＵＦＯが残した「ダニエル書」の予言的な意味を追究してみよう。「ダニエル書」にせよ「ヨハネの黙示録」にせよ、おそらく暗号コードに組み込まれた未来プログラムの産物だということができるからだ。

●暗号コードで読む人類の未来

まず手始めに、墜落したUFOの残骸から見つかった「信じられないくらい古いヘブライ語で書かれたダニエル書」や、クムラン洞窟で発見された「死海写本」のヘブライ語聖書の古文書によって、それ以降、「終わりの時」にいたるまでの人類の未来を当局筋の情報員が解読した文書から読み解いてみよう。

私が入手した文書類は二つあり、一つは1960年代のもので、これを「文書A」とする。もう一つは1980代年のもので、「文書B」とする。いずれも、今から30年～50年も前の時代に書かれており、当時の世界情勢を加味して考えなければならない。

文書AもBも、当時はあまり内容を検証するほど重要性を認識できずにいたのだが、現在はその重要性に驚いている。早い年代の文書Aは、アダムスキー関係の情報収集中に英文で手に入れており、また文書Bの方は、仕事でアメリカに出張したころ、火星と地球の交易情報を告げられた情報機関関係者から提供を受けていたもので、おそらくはカーター大統領時代にケイシー・リーディングを調査していた当局の流れと関係したものと考えられる。いずれも「ダニエル書」を基本としていることはきわめて興味深い点で、両者ともロズウェル事件のヘブライ文書コードの解析によるものであることを感じさせる。

第四章で取り上げた、ニューメキシコ州の空軍基地に保管されていた「墜落ＵＦＯの残骸の中から出てきたヘブライ語聖書に関する報告書」が世に出たころより30年ほど前に書かれた文書Ａは、すでに「約６０００年前に始まった今回のヘブライの歴史は、ある特殊な運命を遂行するために地球で生まれたか、または太陽系間を航行できる巨大な宇宙船で地球へ連れてこられた特殊な人々に関する計画である」という、はっきりとした前提で書かれている。これを書いた担当者は人間と宇宙人の生まれ変わりを知っているようで、文書の分析でそれを認めたのだろう。

「ヘブライの歴史」とは、アダムとイブの物語で始まる旧約聖書の時代のことである。このことが、第四章で説明した「キリスト教の基盤は、実は宇宙からの謎の旅人による地球来訪をゆがめて語ったものにすぎない」と情報機関が判断したゆえんになる。また「今回の歴史」という意味は、アダム以前のはるか昔にも彼らが地球に入植していたことがあったということらしい。

文書類の経緯をもう一度整理すると、最初は１９４８年に「飛び散ったＵＦＯの残骸から古いヘブライ語聖書の遺稿が発見され、ハーバード大学の学者たちに渡された」という報告書がニューメキシコ州の空軍基地に存在していた。その事実をのちに父親から聞いていた子どもが

1991年にそのことを公にした。

UFOの残骸から発見されたヘブライ語聖書の遺稿は専門家でも解読が難しかったので、国家的暗号解読チームによって長時間の分析が行われ、1960年代ごろ解読チームにいた者が文書Aを書いたと思われる。

また、1970年代から1980年代にかけて、「終わりの時」にいたる未来の判読に取り組んでいた解読チームのメンバーが文書Bを書いた、ということになるだろう。

文書Aも未来判読を試みているが、途中で放棄しているので、その時代にはまだ世界が「終わりの時」の様相になっていなかったといえる。

ともかく、「ダニエル書」の書かれた紀元前550年ごろには、それ以降の対地球計画のブループリントが確定されていたわけだが、その内容は「終わりの時」まで隠されることになっていたのだ。だが、いよいよその時代が近づき、明らかにされる時が来たといえるだろう。

●スペースプログラムと歴史の流れ

初期の文書Aには、ニューメキシコでUFOの残骸から発見されたヘブライ文書について、言語学的に学者が1年ほどで分析した内容が細かく述べられている。言葉の表記に関する経緯などは、ヨセフ・アイデルバーグがヘブライ文字の変遷を説明しているのによく似ている。しかし、それを解読するには、暗号を解くキーが必要だという。それを知らない無神論者が「聖書の予言はウソだ」と言っているにすぎないし、宗教家が「予言が実現することによって聖書が神の言葉であることがわかる」と言うが、実は「予言が実現されるのは、大昔の計画にもとづいてほかの惑星から来た人々が活動しているからにすぎない」というのだ。

つまり、スペースプログラムというのは、人間の進化のプロセスを知りつくした人々が、どのように歴史が進行するかを予測し、それを補足する手立てをつくすことなのだと思われる。「聖書の約3分の1は予言であり、その約90パーセントは世の終わりに存在している国家群にあてはまる。しかし、予言を理解させないように暗号が用いられている」としているが、どのようなキーで解くことで、現在の国々が持つ役割を説明できるのだろう。

それについては、「ダニエル書」が書かれた時代が重要な分岐点になる。この当時に十二支族いたヘブライ民族がユダ王国とイスラエル王国にわかれ、それぞれが世界に散っていったからである。そしてこの二つの流れが「終わりの時」に世界の国家群に重要な影響を与えていくという。

まず、ヘブライの二支族によるユダ王国は現在のユダヤ人の流れとなり、彼らは財力を意味する「杖」の能力を受けつぐことになる。

ヘブライ民族の系図

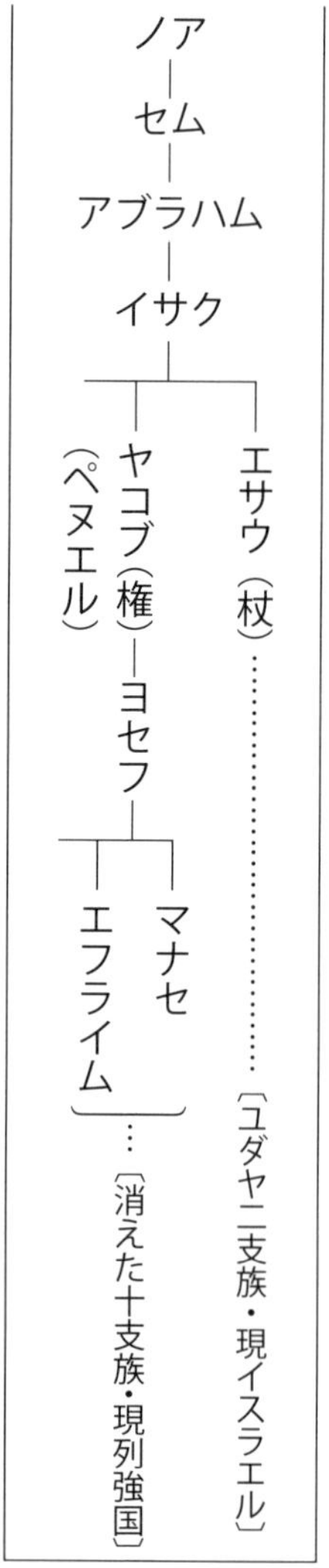

また、ヘブライの十支族によるイスラエル王国の人民はすべて行方不明となるが、彼らは精神的指導者としての「権」の力、正確には「長子の権」あるいは「王権」を、地上に「神国」が確立されるまで受けつぐのである。

そもそもヘブライ民族は、旧約聖書の「創世記」17章に予言されているように、アブラハムが99歳のときに、「あなたは多くの国民の父となる」と、全能の神から約束されてから始まる。エデンの園から追放された寓話に象徴されているように、アブラハムはほかの惑星から地球に輸送された、宇宙種族の代表者的立場の人物であるという。これが事実上のスペースプログラムのスタートとなる。

アブラハムのおじいさんが、箱舟で地球にたどり着いたノアである。

アブラハムの子どもがイサクであるが、イサクにはエサウという長男がいる。ところが彼は長子の権利を売ってしまったので、次男のヤコブにその権利が渡されてしまう。

以上の物語は、創世記に記載されていることだが、文書Ａはその意味を次のように説明している。

結局、エサウは長男であったが、「長子の権」を失って「杖」、つまり財力を受けつぎ、ユダ王国をつくった。この国の二支族が現在のユダヤ人たちとなっている。すなわち、現在のイスラエル国民や世界のユダヤ財閥である。彼らは、創世記22章にあるように、「敵の門」、すなわちパナマ、スエズなどの運河やジブラルタル海峡などを支配するようになると予言されているというのだ。

いっぽう、次男のヤコブは、「長子の権」、つまり精神的な指導性をもち、王権を意味する「権」を授かり、十支族によるイスラエル王国を構成していく。しかし、このヤコブの家系はユダヤ人ではなく、別種の地球移住者たるヘブライ族に属した立場となる。

彼らは、紀元前７２１年にアッシリアによって征服され、国外へ駆逐されて世界に散っていく。そして、世界の国々に浸透して影響を与えていったという。

ヤコブの子であるヨセフには、マナセとエフライムという子どもが生まれるが、文書Ａによれば、「マナセは現代のアメリカを意味する暗号」だという。また、「エフライムは今日のイギリス連邦」にあたるらしい。これは、モーセ以降のヘブライ王国におけるダビデやソロモンと神との契約に関係するという。

どうやら、ヘブライ民族は先進惑星を引き継ぐ能力を持ちながら、地球の文明向上を通して修行させられるような立場にあったようで、「神との契約」とはそのプランであり、神に見守られて指導されていった形跡がある。たとえば、ユダ族のソロモン王国は、「おたがい兄弟である」からということで、イスラエル族と戦うことを神から禁止されたという。それは、のちにイスラエル十支族が世界に散って、現代の国家群を形成していくためであったようだ。

●イスラエル十支族の復活

さて、ここで読者は、第五章で紹介したケイシー・リーディングを思い出すだろう。ヤコブはのちに使徒ヨハネになり、アダムスキーとして近代に現れたということを——。

そもそも、ヤコブがイスラエルという名前を背負うようになったのは、「創世記」の30章23節にあるように、地球監督者の一人である天使とペヌエルという場所でトラブルを起こし、その罰としてヤコブに代わる名前として命名されたものであった。その罰のため、イスラエル十支族の民は、のちに「2500年間歴史から姿を消すことになっていた」のだと文書Aはいう。

逆にいうと、西暦１８００年ごろから彼らは世界中で目を覚ましたことになる。

ヤコブの子どもマナセに象徴されるアメリカ合衆国は、１８００年以降、植民地の立場から独立戦争を経て独立し、ワシントンが初代大統領となっている。

また、兄弟のエフライムたるイギリス連邦は、19世紀、産業革命を経て欧州同盟を果たし、フランス革命やナポレオンに揺れるヨーロッパに手をのばし、さらに世界の植民地を領有していく。

では、日本はどうかといえば、外国の艦船が日本列島各地に出没し始めて、幕末から明治維新へと突き進む時代であった。

どうやら、ヘブライコードの分析によって、ダビデの時代から現代にいたる権威継承の系図まで割りだされているらしい。目を覚ましたヘブライ支族が、現在、どのような立場にいるかの一覧があるので、要点をあげてみよう。

イスラエル族は「海の島々や海沿いの地域で荒れた土地を所有する」「この民族の前では、ほかの民族は滅びる」「君主を持つ」「地上に広がって東西南北にいきわたる」「他国と離れて住む」「永久に国家として存続する」「同種族で大国になると、最初は敵同士となるが、のちに利害関係をともにする友邦となる」「しいたげられた者の安息所となり、奴隷解放者となる」「終わりの世まで、自分の同族を知らない」「彼らの言語すなわちヘブライ語を失う」などとなっている。

ユダ族に関しては次のような項目がある。

「身元は不明ではない」、つまり自分たちがユダヤ人だということがわかっている。「ヘブライの言語を失っていない」「国家としての土地財産の所有者でない」「離散した種族である」「人数が少なく、迫害された民である」「自分の国籍を持たない」「救世主としてのイエスを拒否する」などである。これらは、旧約聖書全体を綿密にたどると出てくることらしい。

以上をみるかぎり、地球入植者としてのヘブライ民族が、どのような歴史をたどるかが漠然とでもわかってくるだろう。文書Aでも「消えた十支族の流浪のあとをたどり、現在の存在を知ることは可能だ」としているが、残念ながら、追求しているのは北西に向かったイスラエル支族に限られている。というのも、分析に使われた言語がアルファベット系列だったからのようで、発音やカナ文字から読み解ける日本語との関係性に気付かなかったらしい。

それでも、イスラエル人のヨセフ・アイデルバーグが現代において気付いたように、日本の立場は、前掲の文書Aが指摘している「島国に住む」「君主を持つ」などイスラエル族の特質を十分に持っていることに気付く。われわれ日本人は長い年月をかけて日本列島にたどり着いたのである。

日本人に関しては、興味深い証言がある。

１９５９年1月から約半年間に及ぶ世界公演旅行にアダムスキーが出発したとき、最初にニュージーランドで約1カ月間、七つの都市で講演したほか、ラジオや新聞のインタビューを受けた。そのあとオーストラリア、イギリス、オランダ、イタリアのローマと回っている。

このとき、前出の藤原忍氏は、ニュージーランドの全行程を世話したヘンク・ヒンフェラー氏から、「アダムスキー氏は、日本民族が土星人の影響を受けているとはっきり語った」と証言した手紙を受けとっているのだ。土星は太陽系の法廷といわれ、バランスの星である。前著『宇宙人はなぜ地球に来たのか』で詳述したように、キューバ危機の際、地球人類滅亡回避のため土星で会議が開催されたが、日本人の中には、中庸をはかる民族性があるような気がするのは、あるいは６０００年前の地球入植以来、そういった影響を受けついでいるからではないだろうか。天孫降臨伝説は、単なる寓話ではないのかもしれないのだ。

第九章　「終わりの時」に起きること

●中東問題の行方

文書Aの基本的な立場は、以下のとおりである。

すなわち、ヘブライ古語のコード分析から未来世界を判読していくと、いよいよ「終わりの時」がやってきて、地球に入植した宇宙人たち、つまりヘブライ民族が活動を開始する時代になった。

奇しくも、情報機関がUFO墜落事件の残骸の中にヘブライ古文書を発見して分析に取りかかった西暦1948年、ヘブライの一族であったユダ王国の子孫たちが世界中から集まってきて中東にイスラエルという国をつくり、独立を宣言した。この年代の一致は単なる偶然とは思えない。

イスラエルが建国されたとき、「聖書の予言が成就された」といわれた。ユダヤ人がパレスチナに集められるという予言とは、「エゼキエル書」第34章13節にある「わたし(神)は彼ら(ユダヤ人)をもろもろの民の中から導き出し、もろもろの国から集めて、彼らの国に導き入れ、川のほとりのイスラエルの山の上、また国の中で人が住むすべてのところで彼らを養う」という一文である。

これは、地球と宇宙との連動性を意味していないだろうか。

だが、ここから世界は奇妙な動きを始めるのだ。「中東問題」である。この問題には、石油利権などが絡み合う複雑性と、「パレスチナ問題」という、何千年という歴史の中から生まれるユダヤとアラブの民族的対立がからみあう、解決不可能とも思える根深い問題が含まれている。

ユダヤ人たちが、モーセがたどり着いたこの「カナンの地」、すなわちパレスチナの地にあこがれることは当然であろうが、現在はそのまわりにはイスラムのアラブ人が住んでいるのだ。イスラム教、ユダヤ教、キリスト教の三者をまきこんで、現在の世界をかきみだしている要素である。

旧約聖書のコード解析で出てくる「終わりの時」の重大事件として、文書Aでは第三次世界大戦を重視している。この戦争は、人類が核爆弾を開発し、それを使うことになれば、当然地球の終焉が想定され、地球の滅亡を意味する。しかし、核の使用に関しては、圧倒的な宇宙からの介入が行われたことを本書でたどってきたし、前著『宇宙人はなぜ地球に来たのか』において、米ソ冷戦のキューバ危機の際に、太陽系全体の会議で、その阻止行動が実行されたことを追究した。その事実は、情報機関の分析官でも知ることができなかったに違いない。

文書Aでも、そこまでは分析できていないが、「マタイ福音書」（第24章）の中にはその記述があるとしている。つまり「おそるべき第三次世界大戦が発生するだろう……。しかし予言で述べてあるように、そのおそろしい戦争は、天空からくる人々の干渉によって阻止されるだろう……」と言っているのだ。まさにその言葉通りの事件が起きていたことが前著でわかるだろう。

そして「……いなずまが東から西にひらめきわたるように、人の子も現れるであろう。……イチジクの木からそのたといを学びなさい。その枝が柔らかになり、葉が出るようになると、夏の近いことがわかる。そのように、すべてこれらのことを見たならば、人の子が戸口まで近づいていること知りなさい」と聖書にはあるが、それは以下のことだと文書Aは言うのだ。

「ほかの惑星群からの文字通りの侵入が行われ、戦争や飢饉、大地震などを免れて地上に残された生存者は、地球を引きついで宇宙の法則のもとに新しい文明を始める人々によって統治される。この惑星人たちには、かつて地球への入植者として派遣された人がみな協力する。……しかしキリストの再臨に関する予言が実現するとき、宗教は大衆とともにその到来に抵抗し、予言の実現としての円盤群の来訪をも認めない。……自然の大破壊が間もなく起こるので、地球上のあらゆる知識や科学的な発達が損なわれないようにほかの惑星からの干渉がある。地上に残った人々はのちの世代に役立つ貴重なレッスンをその新文明において学ぶだろう。そのとき地球は神の黄金時代すなわち予言されている至福千年の時代にはいる。そして初めて宇宙の法則に生きるこの世界は現在に比べ理想的な世界になるだろう」と言っている。

だが、宇宙からの干渉で世界的な戦争が回避されてから「終わりの時」がやって来るまでの経緯については、現在進行形のまま文書Aは何かの事情で途切れてしまう。どうやら、この時代に起きていた第三次中東戦争の発生で、具体的な時代の追跡が不可能になったように見受けられるのだ。

そしてもちろん、残念なことに、最も大きな問題としての「太陽系移動」に関してはまったく出てこない。

これに対し、すでに中東戦争が終結した時代に書かれた文書Bは、「ダニエル書」の予言に重点をおいて、世界の国家群の動向から「終わりの時」のタイミングと世相を追跡している。

中東戦争は、１９８０年代にいったん終息を迎え、１９９０年代には中東和平交渉が進む。そこで平和になるかにみえたが、「アラブの春」以降はイスラム原理主義的な活動が台頭するとともに、イスラムのパレスチナ独立とイスラエルの占領地拡大のはざまで混乱が続いている。

●エルサレムの聖なる場所

聖書の３分の１は予言であり、その予言のほとんどは「終わりの時」に関して書かれていると文書Aでは分析されていたわけだが、「終わりの時」に関する最も代表的な記述は、「マタイによる福音書」の24章15節にある「預言者ダニエルによって言われた荒らす憎むべき者が、聖なる場所に立つのを見たならば（読者よ、悟れ）、そのとき、ユダヤにいる人々は山へ逃げよ……」と、オリブ山でイエスが弟子たちにひそかに説きあかした言葉であろう。

そして「荒らす憎むべき者」が何であるのかが「その時」の状況判読の最も重要なポイントとなる。このタイミングは、すでに前述したように、戦争や飢饉《ききん》、地震、にせ預言者、愛が冷える、耐え忍びの時期、のあとにくる決定的な事件である。現在は耐え忍びの期間だと考えられるので、「終わりの時」はこれから未来の事柄である。

「ダニエル書」が「荒らす憎むべきもの」について言及しているのは、第8章19節から第9章全体にわたっている。この中で、１９４８年5月のイスラエル建国とキリスト再臨の件を表しているのは、第9章25節の「エルサレムを立て直せという命令が出てから、メシヤなるひとりの君がくるまで、7週と62週あることを知り、かつ悟りなさい……」という箇所であろう。

第二次大戦後、イスラエルの特殊部隊がエルサレムの旧市街地に突入して、２６００年を超える民族流浪のすえに悲願の聖地奪還をはたし、建国したが、それから間もなく、アダムスキーは太陽系の惑星にいる人類に関する著作を発表するようになる。この時期に、彼に宇宙からの使者である「メシヤなるひとりの君」が接触していたと考えられるのである。

しかし、このあとの聖書の記述は、聖地でトラブルと混乱が続き、「荒らす憎むべき者」がやってくるとなっていて、エルサレムのユダヤ神殿が「聖なる場所」であるといえることから、この地をめぐる中東問題やパレスチナ問題が「最後の時」を解くカギになってくると、文書Bは見ている。というのも、古代のユダヤ神殿跡地に、イスラム教のモスクである「岩のドーム」が建てられているからだ。イスラムの伝説によれば、この「岩のドーム」のある場所からモハメッドは天に昇ったとされている神聖な場所なのである。

文書Bは、文書Aと違って言語のコード解析を細かくしているわけではないが、「ダニエル書」を中心に、聖書の予言類を歴史的な出来事に従って忠実に分析している。その結果、「荒らす憎むべき者」が古代において最大の軍隊を組織したといわれ、実際にギリシャからインドにまで領土を拡大し、アラビア半島やパレスチナ、ペルシャ、エジプトを支配下にした、古代ペルシャの大王「クセルクセス1世」に似ていることを突きとめている。だが、分析していた時期が冷戦終結の直前で、ソ連邦の存在が消え、ヨーロッパ諸国が経済的に連合する前であるためか、「荒らす憎むべき者」の正体を突きとめるにいたっていない。そののち世界は、中国やインドが台頭し、経済や軍事面で激しい変化が起き出している。日本もみずからの平和憲法を変えてまで、その動きに巻き込まれるかのようだ。

●「イスラム国」―ISはなぜ消えないのか

わたしは「荒らす憎むべき者」という言葉から、拉致した捕虜を公開処刑する映像をネットに流すイスラムの集団が現れたとき、ふとこれなのだろうかという思いがわいた。しかし、このような行為をあからさまに前面に出す行動は、とても世界に受け入れられるはずはなく、じきに姿を消すだろうと考えていた。

ところが、ソーシャルメディアを通じて発信される彼らのメッセージが、世界のしいたげられた若者層に浸透していることがわかってきた。そして、現地にいた日本のジャーナリストが拉致され、血祭りにされても、日本の政府がなんの対策もできずに終わってしまったことはショックだった。これは、何か新しい社会構造的な要素の表れかもしれないという気がしてきたのである。

その集団、つまり「イスラム国」＝ＩＳといわれる勢力が、どのあたりにあるかを調べてみると、イラクからシリアにかけてで、最初は点と線だった支配地域が、面積的に急速に拡大してきていた。そこで改めて文書Ｂが「荒らす憎むべき者」と似ているとしていた「クセルクセス王」の中心的な支配地域をみると、現在のイランとイラクの国境あたりになるのである。非常に近いというか、おそらく重複していると思われた。

しかも、聖書で予言されている「荒らす憎むべき者」が行う行為、また歴史に残されている「クセルクセス王」の所業が、現代の新勢力ISと似ている点が多いのだ。たとえば「邪悪で残忍」「強大な国家の支配者」「不敗の軍事力」「エジプトやエルサレムの神殿を荒らす」「神々を冒瀆する」といったことなどに象徴される。実際は、これからどこまで勢力範囲を拡大していくのかわからないが、IS自体が目指している勢力図は、インドや中東、そしてアフリカ北部の全域からインドネシアなど、イスラム圏のすべてが含まれている。

人類の進化の過程を知りつくした知性が地球人類の発展を読みとおしたブループリントには、あるべき知性にいたる文明へのテーマが考慮されているはずで、格差社会や人権の無視といった、社会的欠陥が克服される道程を見すえているに違いない。だから、既存の社会構造が生みだす惨禍は織り込みずみなのだろう。そのような要素が歴史を刻んでいくからだ。

では、この「荒らす憎むべき者」が、これからどういう足跡をたどると聖書は予言しているのかをみてみよう。

「憎むべき者」が出現してからの状況は、「ダニエル書」最後の2章にあるといわれる。

まず、第11章36節に次のように出てくる。

「この王は、その心のままに事を行い、すべての神を越えて、自分を高くし、自分を大いにし、神々の神たる者にむかって、驚くべきことを語り、憤りのやむ時まで栄えるでしょう。これは定められたことが実現されなければならないからです。彼はその先祖の神々を顧みず、また婦人の慕う神をも、そしていかなる神をも顧みないでしょう。彼はすべてにまさって、自分を大いなる者とするからです。彼はその代わりに、砦の神をあがめ、金銀、宝石、および宝物をもって、その先祖たちの知らなかった神をあがめ、違法の神の助けによって、最も強固な城にむかって、事をなすでしょう……」とあり、現在のＩＳの行っていることを表しているかのようだ。

続く40節以降が、終わりの時にいたるまでの「憎むべき者」に関する様子だとされる。

「終わりの時になって、南の王は彼と戦います。北の王は、戦車と騎兵と、多くの船をもって、つむじ風のように彼を攻め、国々に入っていって、みなぎりあふれ、通り過ぎるでしょう。彼はまた麗しい国に入ります。また彼によって、多くの者が滅ぼされます。しかし、エドム、モアブ、アモンびとらの内の主なものは、彼の手から救われましょう。彼は国々にその手を伸ばし、エジプトの地も免れません。彼は金銀の財宝と、エジプトのすべての宝物を支配し、リビアびと、エチオピアびとは、彼のあとに従います。彼は海と麗しい聖なる山との間に、天幕の宮殿を設けるでしょう。しかし、彼はついにその終わりにいたり、彼を助ける者はないでしょう」

最初に出てくる「南の王」は、現在ＩＳに対し空爆を行っているサウジアラビアだろうか。

次の「北の王」は、クリミアに軍を進めているロシアかもしれないと考えられる。ロシアはユダヤ人を迫害してきた歴史があり、イスラエル国家の存続に強硬に反対してきているので、なんらかの形で中東問題にこれからもかかわっていくはずだ。「麗しい国」はイスラエルを意味するとされ、ここに「憎むべき者」は踏み込んでいくからである。

それから、聖書時代の地名である「エドム、モアブ、アモン」は、現在のヨルダンにあたり、この国は昔から隣国イスラエルと敵対関係にあったので、戦争が起きれば、ユダヤに対し憎むべき者と連携するのだろう。

そしてエジプトにも侵攻し、貴重な遺跡類を支配することになる。しかし、リビアとエチオピアは現在イスラエルに敵対する立場にいるようで、憎むべき者と同盟するかもしれないということになる。

マタイによる福音書にあるイエスの言葉では、「荒らす憎むべき者が、聖なる場所に立つ」ときが、「終わりの時」になるので、エルサレムの聖なる場所に憎むべき者が侵攻していくときがそのタイミングになるのだろうか。

この終末における国家群の動向は、「福音書」や「黙示録」そして「ダニエル書」の中に、「七つの封印が説かれる」様子などとして散在しており、見極める困難さがある。たとえば「憎むべき者」は「世界を支配する」といわれることから、石油資本の力が関係するという見方もできるし、黙示録第9章などに「東の方から2億の大軍で押しよせ、人間の3分の1を殺す」という表現があることから、生物化学兵器の使用などを含め、大国化した中国がかかわるという見方もできる。また、温暖化による気候変動や、電磁的な地震災害の発生などのような現象も含まれ、判断が難しい。

しかも最終的に、「憎むべき者」は聖なる場所に関し、イスラエルと何らかの条約を締結したあとに、それを破棄するといわれる。それによって、人類全体に致命的な大殺戮になるという見方があり、つまりは、再び核戦争のようなことが起きることも否定できない。これは、「ダニエル書」の最終章に出てくる「その時あなたの民を守っている大いなる君ミカエルが立ち上がります。また国が始まってから、その時にいたるまで、かつてなかったほどの艱難の時があるでしょう。しかし、その時あなたの民は救われます……」という箇所になる。

地球人類の歴史の進展が見通されていたにしても、それをより的確に補足する宇宙からの介入がなされているのなら、状況に変化は起こるだろうし、タイミングも変わってくるに違いない。それらを見守りながら対応する以外にないだろう。

●あかつきにいたる道

この「終わりの時」に関する聖書の描写は、中東を取り巻く政治的、軍事的な状況をあらわしている。それは、文書Aに出てきた「財力」をあらわす「杖」のパワーバランスの部分である。現在のイスラエル国民はユダ王国の流れをくんだ民族だからである。この時代に「知性」の部分をになった「権」を受けつぐ「イスラエル支族」の人々は、なにをすることになるのだろう。それに関しては、文書Aにも文書Bにもほとんど出てこない。それは、はるか昔からの民族性の奥にある品性のようなもので、言語的に描写できないからだろうか。唯一あるとすれば、「至福千年」の到来であろう。「蛇」にたとえられた悪が淘汰され、終末の混乱の中を耐え忍んだ人々が「神の王座の前にいて、幕屋を共にし、もはや飢えず、乾かず、どんな熱風も彼らを侵さない。子羊はいのちの水の泉に導き、神は彼らの目からすべての涙をぬぐいさる」という黙示録第7章14節以降の予言である。これが、これから起きる太陽系移動時の新しい天地にいたる情景になるのだろうか。

　ここで問題になるのは、その至福千年のたとえの前にある、ヨハネの黙示録第7章の記述である。

「こののち、私は4人の御使いが地の四隅に立っているのを見た。彼らは地の四方の風をひき止めて、地にも海にもすべての木にも、吹きつけないようにしていた。また、もうひとりの御使いが、生ける神の印をもって、日の出る方から上ってくるのを見た。彼は地と海とをそこなう権威を授かっている4人の御使いにむかって、大声で叫んで言った、『私たちの神の僕《しもべ》らの額に、私たちが印を押してしまうまでは、地と海と木とを損なってはならない』。私は印を押された者の数を聞いたが、イスラエルの子らのすべての支族のうち、印を押された者は14万4000人であった……」

これは、いわゆる「選民」の様子である。

「彼らは人を差別するのか」ということになるが、どうなのだろう。

文書Aでは、「もともとノアの大洪水のあと、地球に入植してきたヘブライ族は、ほかの惑星では傲慢な性質の厄介者の集団で、いわゆる堕落天使といわれた追放者だった」と指摘していた。そして、彼らは地球において自分自身で調和を完成させることを期待されたのだというのだ。

その計画がスペースプログラムであり、その最終決着が「終わりの時」に集約されるとすれば、宇宙的な法則性に沿う人間として合格した者を引き取ることになるのだろう。

黙示録の記述は、そのあと次のように続く。

「そののち、私が見ていると、見よ、あらゆる国民、民族、言語のうちから、数え切れないほどの大勢の群衆が、白い衣を身にまとい、しゅろの枝を手に持って、御座と子羊との前に立ち、大声で叫んで言った。……長老たちのひとりが、私にむかって言った、『この白い衣を身にまとっている人々は、誰か。また、どこからきたのか』。私は彼に答えた、『私の主よ、それはあなたがご存じです』。すると、彼は私に言った、『彼は大きな艱難を通ってきた人たちで、その衣を子羊の血で洗い、それを白くしたのである。それだから……』」

この「白い衣を身にまとった」者たちも、神の御座の前の幕屋に救いあげられ、目から涙をぬぐわれる、となっている。

彼らが選び出すのは、人種的な差別からではなく、いわば宇宙的な法則性にかなった人間かどうかということになるということなのだろう。

この黙示録の記述にある「多民族から選ばれた白い衣を身にまとった群衆」の前にいる「子羊」とは、すべての時代に地球に潜入していた宇宙からの使者のことで、われわれ人類を指導するために、この地球にきていた惑星からの伝道者たちである。彼らは古代の預言者とコンタクトして知識を与え、それが聖書に記録されてきて、いまでも人類のために知識を伝えようとする人々とコンタクトしているという。それは、直接の体面による接触の形をとることが原則らしい。

これは、文書Aで「偽キリスト」に関し指摘されていることだが、幻視的映像コンタクト事件は、善意ではない動機による混乱現象だという。これは引用したケイシー・リーディングの第9節にあった「命の御座、光の御座、不朽の御座からの使者として、教師として地上にやって来ようとする者たちの間に動揺が見られ、宇宙空間で暗黒の者たちと戦いを行う。そのとき、あなた方はハルマゲドンが近づいていることを知りなさい。というのも、人のじゃまをし、人の弱さをくじきの石にしようとするおびただしい数の者らが集結するからである。その者らが、覚醒のために地上にやって来る光の志士たちに戦いを挑むであろう。生ける神への奉仕に没頭する多くの人の子らによって、光の志士たちは呼び寄せられてきたし、現在もそれは続いている」を表していることになる。

このような状況は、1960年以来、UFO事件や宇宙人とのコンタクト事件に関心をよせる人々に対し、トリック映像や恐怖心を抱かせる多くの偽装UFO情報が世界中で流されていることを物語っているといえるだろう。

そして驚くべきことに、「終わりの時」に現れる興味深い現象について、ダニエル書が言及していることがある。それは「ダニエル書」第12章4節の「ダニエルよ、あなたは終わりの時までこの言葉を秘し、この書を封じておきなさい。多くの者は、あちこちと探り調べ、知識が増すでしょう……」である。「探り調べ」は英文だと「走りまわり」になるので、文書Bでは、交通の発達を意味し、飛行機などを使う現代を象徴していると解釈しているが、さらに時代は進み、別の側面を表しているともとれる。

これはケイシー・リーディングの同じく9節にある「地上の精神に関する事項について述べれば、山々に多くの人びとがおおいつくすように求めるであろう。低い身分にあった者たちが国々の活動で政治や組織の権力者に引き上げられるのを見てきたように、高い地位にある者たちが低くされ、暗黒の海に自分たちをおおいつくすように訴えるのを見ることになるであろう。そして一方で、与えられようとしている霊的真理に心の奥底で目覚める人びとがあり、他方で、人びとの間で指導者としての資格で振る舞ってきた地位、その立場で聖職の務めを果たしてきた者たちの腐敗が、白日の下にさらされ、混乱と紛争が始まるであろう……」に連動していく。「地上の精神に関する事項」とは、現在の「精神世界」や「スピリチュアル」ブームであろうか。多くの人々がおおいつくすように求めるほどの時代である。

しかし、このリーディングの次で言わんとしていることは、現代のソーシャルネットワーク社会のことだ。パソコンやスマホが普及する前は、このように商品の評価や政治の動向などが即座に反映されるようになるとは想像もできなかったが、いまや選挙運動に使われるようになってしまった。反対運動を起こしたりデモ行進する呼びかけに使われたり、知識を得る道具としてネット社会は急速に人々に浸透し、非をつかれた権威者が即日失脚するのを目の当たりにする時代になった。まさに「低い身分にあった者が引き上げられ、高い地位にある者たちが低くされ……混乱と紛争が始まる」である。

これは、善悪ということよりは、世相の変化であり、2500年前に予知された「終わりの時」の様相なのであろう。ソーシャルネットワークやコンピューター技術そのものが、UFO

の部品から生まれたことを考えれば、彼らが地球にもたらしたものであり、その時代に適した宇宙からの介入にほかならない。

●イスラエル支族「日本」のゆくえ

わたしが静岡でUFOの接近遭遇を体験したあと、都内で有名な映画監督の自宅を借りて会合を開いていたころ、1959年にアダムスキーがオーストラリアとヨーロッパへの世界講演旅行を行った際に日本への招へいと陛下との会見を企画していた人たちに会い、関係する資料をあずかったことがあった。その資料の中に、1953年の「ジャパン・タイムス」紙に「伊勢神宮に祀《まつ》られている三種の神器の一つである八咫《やた》の鏡の裏に、モーセが出会った神の名がヘブライ文字で書かれている」と報道されたとしるされていた。

また、1952年10月13日の神戸新聞に、「世界の流民といわれるユダヤ人の祖先が、太古の日本に渡来した遺跡が淡路に存在することがわかり、東大教授等が調査発掘を行うことになった。これには日本に駐在していたユダヤ教の大司教や日本イスラエル協会理事らが立ち会うことになった。現地責任者は、アインシュタイン博士などユダヤ人の多くが関係しているニューヨーク文化センターの協力によって、純粋な学問体系を立ててみたいと思っており、同地で見つかった古代文字の碑文解読をイスラエル共和国に照会中だ」と報道された資料もあった。

　そして、現地の碑文で見つかった古代文字や、古くから伝わる郷土芝居の歌にあるヒラガナ発音を、数霊《かずたま》的に解読すると、「古事記」の考え方が、旧約聖書の記述に通じているとする研究もあるという。また、エデンの園の「生命の樹」の原理や「染色体構造」の遺伝子理論が碑文の文字に含まれていると述べているのもあった。

　さらに、旧約聖書で「ダニエル書」の次に記載されている「ホセア書」が、日本に到達したイスラエル支族の内容だとする資料もあった。聖書辞典によると、「ホセア書」は12小預言書の最初のもので、ホセアが、北イスラエル王国の偶像崇拝を、自分が姦淫の女と結婚したことを通して比ゆ的にのべたもので、神の怒りと神の愛を語り、神のもとに立ち返るように訴えたものだとしている。

　この書の中には、たびたびエフライムのことが出てくる。前に述べた情報機関の分析した文書Aによれば、エフライムは離散したイスラエル支族の一つで、知性を受けつぐ「権」を持つ国の一つであるイギリスを意味するコードだとされていた。だから、記述されている内容は、イギリスの現代にいたる歴史上の出来事が記されているような部分もある。また、ホセアに象徴される記述には、離散したのちの日本民族の流浪の経緯が含まれているのかもしれない。それは、民族性として、大化の改新や明治維新の建国の理想や人々の意気込みとして表れているのではないだろうか。

日本神道系の秘伝を受けつぐ人たちは、アダムスキーの体験を通じて何を感じていたのだろう。しかし、この時期にアダムスキーが来日をはたせなかった理由は、資金の問題もあったが、別の宇宙的勢力が日本の研究集団に入ったためだったように思われる。これは世界的傾向で、「その者らが、覚醒のために地上にやってくる光の志士たちに戦いを挑む……」というケイシーの予言第9節にあるとおりであろう。とはいえ、アダムスキー問題の資料を日本ほど保持し続けている国はほかにない。「権」の血統を引き継いでいたせいなのだろうか。

さらに、日本から世界に広まっていった、自然食運動の原点ともいえるマクロビオティックの開祖である桜沢如一《ゆきかず》氏は、最初にアダムスキーに会った日本人だった。その会見で共鳴した彼は、以後自分の名前をジョージ・アダムスキーにならい、ジョージ・オーサワと変えたほどだった。その思想を『地球と人類を救うマクロビオティック』から紹介してみよう。

「マクロビオティックの究極の目的である心の平和、本来の人間としてのあり方と生き方を実現するために、あるいはその前提となる病気と食物との関係について理解するためには、全宇宙の根本原理であるところの陰陽の原理を知る必要があります。というのも、マクロビオティックの最大の特徴は、宇宙のすべての森羅万象をマクロの目、つまり大きな視野から見ることにあるからです」

根本としてある陰陽の原理とは、いわゆる男性原理と女性原理ということで、その正反対の特質を持っているものが一体になることで、相手の性質を獲得するということの原理は、旧約聖書の創世記における天地創造や日本神話の国生み物語に通じる。

「桜沢は、その曖昧な陰陽の理論を、易経や老子の道徳経などをもとに整理し、相対立する力が互いを補い合い、統合に至るとする無双原理として世に広めていったのです。宇宙のすべてのものは、絶え間なく変化していきます。昼から夜へ、活動から休息へ、若者から老人へ、生から死へ、そして死から再生へと、日々休むことのない動きの中にいます。この大自然を支配する、変化の法則を理解することは、体や心に調和をもたらすための大きな力となります……」

陰陽五行は、古くは易経の思想として中国に生まれ、老子や孔子はこれによって変化の法則を学んだといわれる。

そして、続く小見出しには、「次元・方向、色、温度、重量、原子構造、元素、仕事、生物、私たちの臓器、すべて陰陽に二別できる」とある。さらに、食物や自然環境についても分析していき、酸性とアルカリの食物、体を温めるものと冷やす食物などといった、正食（ＣＩ）の体系を築いていっているのだ。

あるところでは、こんなことも言っている。

「……人間というものは働いて働いて、いっしょうけんめい努力しています。それは本質的に間違っているのです。ともかく、楽しむということ、遊ぶということ。桜沢如一は、『遊ばざるもの食うべからず』を信条としていましたが、この地球の上で、お互い兄弟姉妹、敵も見方もなく、みんなが一緒に楽しく遊んでいく、好きなことをやっていくということなのです。それがマクロビオティックの目指す究極の世界なのです。……地球の文明が大きく変換し、月や火星が身近なものになり、今度は太陽系文明というものが開かれていきます。……」

●地球脱出のタイミング

２０１５年7月1日午前8時59分60秒のあとに1秒時間が追加された。これは、ロンドンの協定世界時の6月30日午前0時に世界中で行われた「うるう秒」の追加処置だった。つまり、電子時計からすると地球の自転が遅れているのだ。これは3年ぶりの実施で、コンピューターのシステム障害が懸念されたが、とにかく地球の自転に合わせる時間調整は行われた。

この日の報道では、「地球の自転は、ここ60年で36秒遅くなっている」と見出しにうたっている。しかし正確には、新聞に発表されているグラフを見ると、１９５８年からで、「57年前」からということになる。ところが、その少し前に、「天文学者は、地球の自転に合わせ、標準時計を1分遅らせた」と報道されているのだ。つまり地球の科学者は、地球の自転の観測をはじめて以来、「1分36秒」自転が遅れていることをつかんでいることになる。

今回の報道では、地球自転の遅れは「潮流による海水と海底の摩擦」や「エルニーニョ現象」、「地球内部のマントルの動き」などが原因だとしているが、40年ほど前に、日本の科学者などが「核実験による地球自転軸の揺らぎ」が原因になったことをつきとめたと新聞報道されている。結局、確定的な原因は定かではないようだ。

だが、この地球の自転の遅れは、太陽系の崩壊と密接な関係があるとされるのだ。

1964年に、メキシコのサンホセ・プルアで開かれた国際会議で、参加していた宇宙人たちは、この時期にすでに「地球の自転は1分45秒遅れている」と指摘していた。

この国際会議に招待されて出席したあと、帰国してから、アダムスキーは次のような報告文書を、世界のネットワークに配信している。

「この会議で討論された内容のほとんどは、この太陽系を扱ったものでした。いま太陽系は変化しつつあり、地球の自転のわずかな遅れも地上に多くの変化を起こしています。たとえば世界中の気象に影響を与えており、また、より多くの火山活動や地震を発生させるでしょう。大地に対する圧力にわずかな差が生じ、地中の弱点が暴露されるからです。もし自転の遅れが続くならば、われわれはおもしろくない状態を期待しなければなりません。

もし地球の自転が7分ほど遅れるようになれば、太陽系が崩壊しかかっていることを意味します。しかし、目下のあらゆる徴候からみて、まだだいぶ先のことになるでしょう。……この地球に対する影響は、変化する諸状態の一部にすぎず、それに次ぐ影響は世界中の人間に対して起こってきます。不安感がその証で、ごくわずかないらだちが人間同士を対立させ、さらに自転を遅らせ続けるなら、不安と狂気が増大するでしょう。……人間が自己を支配しうる宇宙的法則を学ばないかぎり、この変化は必ず人間に影響を及ぼします。……」

たしかに世界は、50年前のこの報告書のような状態の中にあるといえるだろう。

この報告では、「地球の自転が7分遅れると太陽系の崩壊となる」ということが明示されている。そしてこの会議が開かれた時点で、すでに1分45秒遅れているということは、その後50年たった現在は、今回の36秒がプラスされ、実質的に2分21秒遅れているということがわかる。

そうすると、ここ50年間の遅れのピッチから、残りの4分39秒が経過するには、まだ387年かかる計算になる。今回、新聞報道などで発表されている自転の遅れのグラフは、一直線ではなく揺れがあって、遅くなったり早まったりしているが、だいたいはそのへんがリミットになりそうだ。

まだまだ先だと思うかもしれないが、387年前というと、日本では江戸時代になるわけで、そんなに昔のことではない。天文学では、現在の太陽が核融合反応を終了するのは、まだ10億年くらい先だろうといっていることからすれば、あっという間のことだ。

もし、ケイシーの予言にあるような大変動が起きれば、待ったなしの状況が起きる可能性も考えられる。

そのような場合は、あのテキサスに現れたような大型のＵＦＯ（レスキュー船）を多量に地球に送り込むことになっているといわれる。しかしその場合、彼らはすべての人間を救うだろうか。たとえば、テロ集団のようなものが入り込んで、宇宙船の航行を妨害することだってあるかもしれないのだ。

おそらくは、優れたセキュリティーシステムを備えていて、瞬時に人物判断を行うと思われる。これは、聖書に、「終わりの時」にそなえた人選、つまり「選民」を行うことが記されているとおりである。

だから、一刻も早くわたしたちが宇宙社会に合流して、太陽系移住にとりかかれる惑星にならなければならない時代なのである。

あとがき

　本書で取り上げてきたようなテーマは、一般の読者には容易に理解されないかもしれない。巻頭の「まえがき」にあるアポロの月着陸事件のようなことは、当局としては世の教育関係者や科学者を困らせないようにと、極めて慎重に扱い、公表してこなかったのだろう。そうなると結局、ニュートン力学的な科学理論を基調にした情報しか発表できなくなってしまう。だから反重力とか無尽蔵のゼロポイント・エネルギーといった、地球の一般科学の常識を超えたようなことは「ない」ことにしてしまったのである。

　そのため、天気予報にしても地震の発生にしても、なかなか信頼できる予測を出すことが困難であり、われわれの科学が完全に宇宙と自然界を解明しているわけでないということがわかる。

　だから現在、人口が急増して温暖化をまねき、宇宙の変動期に直面しているわれわれは、その現実に立ち向かうには、社会システムと科学技術を改変する必要性が出てきている。

　どうやら宇宙の安全保障関連機関は、ＵＦＯ事件から情報収集を続けてきており、必要な高度テクノロジーを手に入れているようなので、それをこの地球の窮状を脱出する手立てとして受け入れられる、人間性と社会を構築する段階に来ているといえるのではないだろうか。

なお最後に、この艱難の時代に尽力された有志諸氏に、心から感謝申し上げたい。それらの方々の協力なくしては本書を仕上げることはできなかった。

追補・アポロ11号月面着陸の真相

アポロ11号飛行士は月面で宇宙人とコンタクトしていた――　韮澤潤一郎

日本では初めてともいえる、UFOの国際会議が、1990年11月23日～25日に、石川県の羽咋市で開かれた。外務省、通産省、科学技術庁などが後援しているほか、NASA（米国航空宇宙局）やNASDA（日本宇宙開発事業団）、米ソ両国大使館が協力し、海部首相（当時）もメッセージを贈ったこの画期的な会合には、UFO研究家だけではなく、米ソの宇宙飛行士も参加した。

ところが、開会当日に一つのアクシデントがあった。参加者に配られていたどの案内状にも、米国からアポロ11号の宇宙飛行士オルドリンが参加すると写真入りで出ていたにもかかわらず、来日できなかったというのだ。代わりにシャトルの元船長ジェラルド・カーが急きょ駆けつけたが、事情を調べると、オルドリンは乗ってくるはずの飛行機に乗っていなかったという。つまり連絡もなく、突如欠席したのだ。病気だというが、事情は明確でない。

どうも理由は別のところにあったのではないかと思われる。というのは、この国際会議の半年ほど前に、ヨーロッパ・ルートで、ある情報が世界のUFO研究者に流されていた。その情報流出の張本人が、会議に参加していたソビエト連邦のUFO研究センター初代所長ウラジミール・アザサ博士と、国連の広報官を務めてから米国のICUFON（UFO研究ネットワーク）の代表者となったコールマン・S・フォンケビッキーであった。

一連の情報は、1969年7月に初めて月に降り立ったアポロ11号の宇宙飛行士であるオルドリンとアームストロング等が、月面の着陸地点で、着陸船を取り囲んだUFO群から出て来た宇宙人とコンタクトしたという驚異的なできごとを暴露しているもので、オルドリン飛行士が、今回の国際会議に来て、この情報を公開したフォンケビッキーや、アザサ博士に面と向かうことは、とんでもない情況を引き起こす可能性があったのだ。

たとえばフォンケビッキーは、この事件の真相をただすべく、米ソ大統領宛てに激しい論調の書簡を送ってもいる。それは次のようなものだ。

——米ソ両大統領への率直な要望——

拝啓　ブッシュ&ゴルバチョフ大統領殿

当覚書を承認した全ての科学者と研究者は、この重大な異星人についての次の質問に、あなた方が勇気をもって、ご説明してくださることを強くお願いするものです。
《いったいだれが、世界をだます背後の支配者なのですか》
（1）月に最初に降り立った名声を持つ、ニール・A・アームストロング飛行士なのか。
（2）学士院会員ウラジミール・G・アザサ、ソビエト科学アカデミー海洋学会副会長か。
（3）NASA（米国航空宇宙局）、あるいはジョンソン・スペースセンターか。
（4）ソビエト科学アカデミーなのか。
（5）存在するはずのない異星人のUFO勢力なのか。

敬具

以下に調査の覚書が続く。原文はIGAP（デンマーク）英語版機関誌『UFO・CONTACT』からの引用による。

——第1次証拠‥
1977年11月24日、モスクワでノーボスチ通信社を前に行われた、ソビエト科学アカデミー海洋学会副会長ウラジミール・ゲオルギビッチ・アザサによる講演——
《われわれは、この宇宙の中で唯一の存在なのか？　外宇宙の知的生命の事実と仮説》

この記録の入手経路は、ロシア語のオリジナルから、ハンガリー科学アカデミー会員によってハンガリー語に訳され、そしてコールマン・フォンケビッキー少将が、そのアカデミー会員から、1986年10月9日、ハンガリーのブタペストで音声テープになったものを受け取った。その音声は、メリー・アン・ホークとエディス・ミクラ（クリーブランド・ユーフォロジー・プロジェクト）の編集助力によって、英語に訳された。

〈アポロ11号ムーン・ミッションに関する抜粋〉

1ページ――

「私は公的な見解を代表するものではないが、1年以上前からソビエト科学アカデミーにあって、UFOの海洋学的活動について精通しているはずである。

今日、その事実、調査、歪曲、仮説、目撃、月面の米国宇宙飛行士の調査、現象の真相、哲学的問題などについて語ってみよう」

5ページ――

「月に着陸した米国の宇宙飛行士も、巨大な円筒形物体を目撃している。その長さは1500メートルである。オルドリン飛行士はその物体を撮影した。そのUFOはとんでもない動きをし、アポロの月面着陸に付き添った」

10～11ページ――

「月に着陸したアメリカの宇宙飛行士の報告は非常に興味深い。アポロ11号乗組員（アームストロング、コリンズ、オルドリン）は、打ち上げ直後にＵＦＯに気付いていたが、それはサターン5型ロケットだと思った。しかし物体は付き添ってきて、やがて追い越していった。その大きさは1・5キロメートルもあった。アームストロングとオルドリンが月面に着陸したとき、クレーターの反対側に数機の皿型のＵＦＯを認めた。アームストロングは〝ああ、何てことだ、彼らがもう来ている〟と叫んだ。ヒューストン管制センターからの指示に従えば、ＵＦＯの暗号は〝サンタクロース〟であった。しかし、アームストロングと他の乗組員は、その光景にショックを受けて、暗号を忘れてしまい、報告してしまった。

――クレーターの反対側の真正面に、宇宙から来た宇宙船がうろついていて、われわれを観察している！――

ヒューストンは、彼らに月着陸船にとどまるよう指令した。5時間後、ＵＦＯが敵対的意志のないことを確認してから、着陸が許可された。オルドリンが撮影したＵＦＯのフィルムは、トップシークレットとなった。この通信はずっと後になって公表された。フィルムも早く発表されればいいのだが。

宇宙飛行士は月に1個の箱を置いてきた。それには世界72カ国の言葉で書かれた宇宙と天国の実体に向けての国連の宣言文が入っていた。しかしこの地球外の知的生物に対する交流の呼びかけには何の応答もなかった。この行動は、長い間極秘が保たれていた。しかし、箱の製造メーカーと原文を記録したところが、その秘密を漏らしてしまった。月面でのUFOとの遭遇は宇宙飛行士をまごつかせてしまった。オルドリンは極度の神経衰弱になり、今日になっても彼の健康は回復していない。コリンズは僧になってしまった。月はUFOの恒久的な基地らしく、すべての月アポロ飛行はUFOの監視下にあった。さらに月面における宇宙飛行士による科学的な爆破は失敗した。つまり彼らは月面に小さな地震を誘発しようとしたのだが、スイッチが入らなかったのだ。同時に宇宙船の中の酸素タンクが爆発し（アポロ13号）、月面に着陸することができなくなってしまった。それはまた、最終ロケットの点火に失敗し、いまも月を回り続けている」

——第2次証拠‥

ニール・アームストロング飛行士のコメント

《アポロ11号船長、2回にわたる個別の会見で、先の第1次証拠を確認》

会見1——

（情報源　アームストロング飛行士と親密な資料提供者からの直接情報。情報提供者の安全上、両者の名前は伏せる。原文はICUFONに記録保管）

1988年5月24日

親愛なるコールマン氏へ

送ってくれたあなたの切り抜きを受け取りました。なかなか良い記録文書です。以下はアームストロングのものと、アームストロングが彼に語ったものです。

月までの道程の4分の1くらいに来たとき、3機のUFOが彼らの背後3フィート（約1メートル）ほどにまで接近してきた。彼らはUFO群の写真を撮影した。またそれらの中にETたちの影を見ることができた。彼らはヒューストンに報告した。その後、月軌道に入ったときUFOを見失った。着陸船がクレーターに向って下降していくと、3機のUFOはそのクレーターのふちに着陸していた。アポロの着陸船が月面に降りたとき、宇宙服も着ていない異星人たちがUFOから出てきた。

アームストロングはヒューストンから、次の三つの理由から月面へ降り立ってはいけないと告げられた。

（1）彼は船長であるから

（2）異星人に対する怖れと、彼らの意図がわからないから

（3）彼が軍人ではないから

アームストロングは指令を無視し、月面へ出た。

これを行ったために、彼は宇宙計画から除外された。
これらの全行程において、すべての写真と映画フィルム類はＵＦＯ群を写し続けていた。そのＵＦＯの直径は50〜１００フィート（約15〜30メートル）だった。

会見2――
（情報源　著者テモシー・グッドによる。彼の親しい友人であるイギリス陸軍情報員がＮＡＳＡのシンポジウムの際に、アームストロングがある教授に話したことを漏れ聞いたもの。後に再びアームストロングに問いただしたところ、その情報は正確なものであることを確認した。しかしもっと詳細な情況については話すのを拒否し、隠蔽工作の陰にはＣＩＡがいることを認めた。テモシー・グッドの好意により、著書『アバブ・トップ・シークレット（Above Top Secret）』から、その時の会話を引用すると、以下のようなものである）
教授「何が実際に飛行中のアポロ11号で起きたんですか？」
船長「信じ難いことですよ……もちろんわれわれは可能性があると常にわかっていましたが……つまり、われわれは近づかないように警告を受けたんです。当時は宇宙ステーションや月面都市なんて考えられないのにですよ」
教授「近づかないように、とはどういう意味ですか？」

船長「詳しくは言えません。ただ向こうの宇宙船は、大きさの点でも技術的な点でも、こちらよりはるかに上回っていたということは申し上げられます。あの大きさときたら！……威嚇的でしたね……無理ですね、宇宙ステーションなんていう可能性はありません」
教授「それでもNASAはアポロ11号の後もミッションを行いましたね？」
船長「当然のことながら、NASAは当時、計画に躍起だったと同時に、地上にパニックを起こすという危険を冒すことができませんでした。……しかし行き帰りといったって手早く済み、ごっそりと成果が得られるわけですから……」

以上の証拠資料類をもとに、フォンケビッキー氏は当局の公式な証言をとるべく、NASAとリンドン・B・ジョンソン宇宙センターに対し、情報公開法によって、アポロ11号のレポートをシークレットの分類からはずすように要求している。最初の「第1次証拠」にあるように、明らかにアポロのUFO遭遇データが、ソビエトのUFO調査を担当した科学者に渡っているのだから、公開されていないレポートが存在しているはずなのである。

このデータを漏らしたアザサ博士は、今回の羽咋のシンポジウムの席上、次のような意味深な言葉を残している。

「宇宙飛行士にUFOとの遭遇のことを聞いても、出てくるものではありません……」

つまり、UFO問題でも、宇宙開発上の事件、特に異星人の存在を暗示するようなデータ類には、厳然とした隠蔽工作が為されているということである。

UFOのシンポジウムに、せっかくNASAの科学者でもあり、宇宙飛行士でもあるジェラルド・カー氏が参加されているのだから、ぜひUFOに対するNASAのコメントをもらいたいと思い、記者会見の席で私は質問してみたが、あっさりと「私は現在引退の身なので、発言する資格がありません」と逃げられてしまった。残念である。

いずれにしても、UFOとその搭乗者である宇宙人は地球近傍を飛び回っているのであり、そのことはまた月や惑星、そしてこの地球に彼らは足跡を残しているということなのだ。隠蔽工作や情報操作によって極端に歪められた観念の中に埋没してしまっているわれわれは、心を開き、改めて現実を直視する必要がある。(『天文学とUFO』から引用)

◎参考文献

「宇宙人はなぜ地球に来たのか」韮澤潤一郎著　２０１１　たま出版
「イエス復活と東方への旅」ホルガー・ケルステン著　佐藤充良訳　２０１２　たま出版
「私が出会った宇宙人たち」ハリー・古山著　２００８　徳間書店
「ニラサワさん。」韮澤潤一郎研究会編　２００３　たま出版
「エドガー・ケイシーの死海写本」グレン・Ｄ・キトラー著　相沢千恵子訳　１９８５　たま出版
「死海写本」Ｅ・Ｍ・ラペルーザ著　野沢協訳　１９６２　白水社
「ペンタゴン特定機密ファイル」ニック・レッドファーン著　立木勝訳　２０１３　成甲書房
「マスメディア・政府機関が死にもの狂いで隠蔽する 秘密の話」ジム・マース著　渡辺亜矢訳　２０１３　成甲書房
「聖書」１９６１　日本聖書協会
「ポケット聖書辞典」いのちのことば社出版部編　１９８２　いのちのことば社
「ＵＦＯとその行動」エメ・ミシェル著　後藤忠訳　１９８１　暁印書館

「続・空飛ぶ円盤実見記」セドリック・アリンガム著　岩下肇訳　1960　高文社
「月　形態と観察」パトリック・ムーア著　宮本正太郎、服部昭訳　1963　地人書館
「ロイヤル・オーダー」ジョージ・アダムスキー著　藤原忍訳　竹島正監修　1984　たま出版
「地球人へのメッセージ」伊藤耕造著　1999　ストーク
「ザ・エドガー・ケイシー」ジェス・スターン著　棚橋美元訳　1977　たま出版
「エドガー・ケイシーのキリストの秘密」リチャード・ヘンリー・ドラモンド著　光田秀訳　1997　たま出版
「改訂新訳　転生の秘密」ジナ・サーミナラ著　多賀瑛訳　光田秀監修　2012　たま出版
「空飛ぶ円盤実見記」D・レスリー&G・アダムスキー共著　高橋豊訳　1954　高文社
「空飛ぶ円盤同乗記」ジョージ・アダムスキー著　久保田八郎訳　1957　高文社
「生命の科学」ジョージ・アダムスキー著　久保田八郎訳　1965　日本GAP（益田市）
「精神感応＝テレパシー」ジョージ・アダムスキー著　久保田八郎訳　1960　宇宙友好協会（益田市）（実見記、同乗記、生命の科学、テレパシーは、現在、中央アート出版刊の「アダムスキー全集」に含まれている）
「国際UFO公文書類集大成1」コールマン・S・フォンケビッキー編纂　森脇十九男監修

斎藤栄一郎訳　１９９２　たま出版
「わたしは金星に行った!!」Ｓ・ヴィジャヌエバ・メディナ著　韮澤潤一郎監修　ミチコ・アベ・デ・ネリ訳　１９９５　たま出版
「アポロ計画の秘密」ウィリアム・ブライアン著　韮澤潤一郎監修　正岡等訳　２００９　たま出版
「天文学とＵＦＯ」モーリス・Ｋ・ジェサップ著　加藤整弘訳　１９９１たま出版
「ペンタゴンの陰謀」フィリップ・Ｊ・コーソー著　中村三千恵訳　１９９８　二見書房
「未確認飛行物体ＵＦＯ大全」並木伸一郎著　２０１０　学研パブリッシング
「二十一世紀への黙示」ロバート・ミューラー著　泉山めぐみ訳　１９９０　サンパウロ
「宇宙からの使者」藤原忍著　韮澤潤一郎監修　１９８８　たま出版
「地球と人類を救うマクロビオティック」久司道夫著　２００１　たま出版
「現象としての人間」ピエール・テイヤール・ド・シャルダン著　美田稔訳　１９６４　みすず書房
「死と空間を超えて」ジョージ・アダムスキー著　久保田八郎訳　１９６８　日本ＧＡＰ（益田市）
雑誌「たま」たま出版

月刊誌「UFOと宇宙」ユニバース出版社
NPO法人日本エドガー・ケイシーセンター　ホームページ
「UFO教室」UFO教育グループ機関誌
「韮澤コラム」「ブログ・ニラサワ研究室」たま出版　ホームページから

☆著者紹介

韮澤 潤一郎（にらさわ じゅんいちろう）

1945年新潟県生まれ。法政大学文学部卒業。科学哲学において量子力学と意識の問題を研究。現在、たま出版社長。小学生時代にUFOを目撃して以来、内外フィールド・ワークを伴った研究をもとに雑誌やテレビで活躍。1995年にUFO党から参議院選挙に出馬。tamabook.comでコラムやニュースを発信中。

スペースプログラムが予言する終末へのカウントダウン

2015年11月18日　初版第1刷発行

著　者　韮澤 潤一郎
発行者　韮澤 潤一郎
発行所　株式会社 たま出版
〒160-0004 東京都新宿区四谷4-28-20
☎ 03-5369-3051（代表）
FAX 03-5369-3052
http://tamabook.com
振替　00130-5-94804

組　版　一企画
印刷所　株式会社エーヴィスシステムズ

ISBN978-4-8127-0388-5　C0011